幻の惑星ヴァルカン

アインシュタインはいかにして惑星を破壊したのか

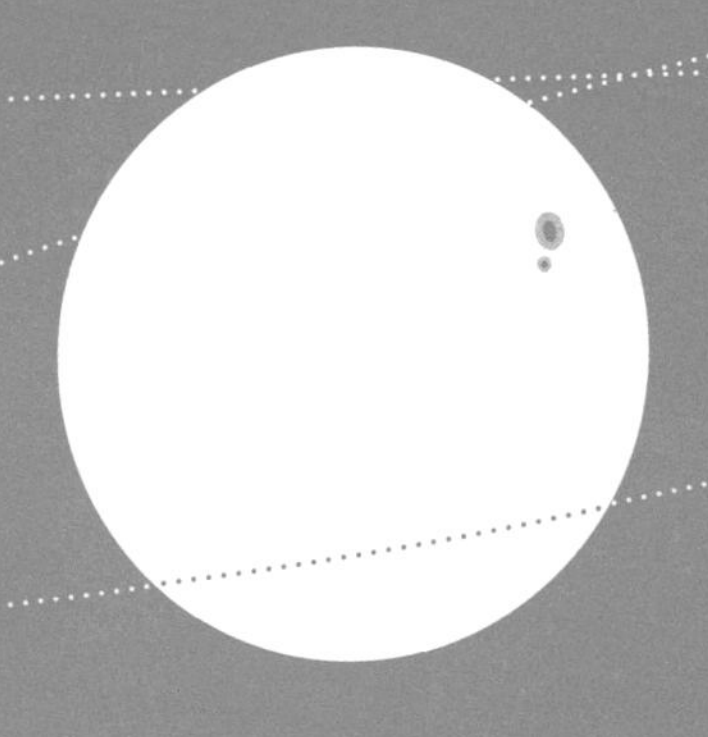

トマス・レヴェンソン＝著　小林由香利＝訳

亜紀書房

幻の惑星ヴァルカン

アインシュタインはいかにして惑星を破壊したのか

THE HUNT FOR VULCAN
by **Thomas Levenson**

Japanese translation rights arranged with Tom Levenson
c/o William Morris Endeavor Entertainment LLC., New York
through Tuttle-Mori Agency , Inc., Tokyo

いつまでも新しさを失わない贈り物、キャサとヘンリーへ、
そして、わがおじたち、
苦難の時代も幸せな時代も生き抜いた
ダニエル・レヴェンソンとデヴィッド・セバーグ・モンテフィオーリを偲んで

はじめに… 007

PART ONE

NEWTON TO NEPTUNE (1682-1846)

PART TWO

NEPTUNE TO VULCAN (1846-1878)

PART THREE

VULCAN TO EINSTEIN (1905-1915)

はじめに

一九一五年十一月十八日、ベルリン。

街の西外れから一人の男が市街地にやってくる。この男、平素はいくぶんだらしない――もじゃもじゃの髪がそれだけで彼と分かるトレードマークのようになっている――のだが、この日はさすがに公の場に出るとあって然るべき身なりをしている。男はウンター・デン・リンデンに入る。ブランデンブルク門から東へ、シュプレー川に伸びる大通りだ。そこから八番地に向かい、プロイセン科学アカデミーの入口をくぐる。

「大戦」と呼ばれるようになったものが始まってすでに二度目の秋、木曜日のこの日、アカデミーには会員たちが集まり、会員になってまもない男による四回連続の講義の三回目が始まるのを待っている。その若い男が部屋の前方に進み出る。男はメモをほんの数枚、手に取り、話し始める。

その日のアルベルト・アインシュタインの話と、翌週に行われた続きは、一個人によるものとしては二十世紀最大の知的な偉業の仕上げとも言える内容だった。それは現在では一般相対性理論と呼ばれる概念で、重力理論であると同時に、宇宙論（宇宙全体の誕生と進化を研究する学問）の基礎でもある。アインシュタインの研究成果は、一人の思索家が不利な状況、懐疑的なほかの研究者たち、そして史上最も有名な科学者アイザック・ニュートンと戦い、勝利したことを示している。

アインシュタインは自らの理論の広範さにもかかわらず、十八日の講義でははるかに狭い領域に重点を置いた。それは当時知られていた最も小さな惑星である水星と——さらに入り組んだ細部——その軌道の小さな、説明のつかない異常、測定不能と言っていいほどわずかな揺らぎについてであり、（彼が口を開くまでは）的確な説明は何一つなかった。

一九一五年には、水星の異常な振る舞いは発見されて六十年以上になっていた。その間ずっと、天文学者たちは何世紀も前のニュートンの重力理論——科学革命における最高の勝利——の枠の中でこの逸脱を説明するべく、邁進していた。初めての、そして、どうやら最も明白らしい考えでは、太陽の光輝にまったく新しい惑星が隠れていて、その引力によって水星が「正規の」軌道を外れる可能性があると想定した。

軌道のぶれから惑星の存在を想定するのは仮説としては至極理に適っていた。現に前例があり、当初は論理的であるばかりか正しいと思われた。水星の抱える問題が世間の知るところになった途端、天文学のアマチュアも専門家も太陽の目もくらむような輝きに潜んでいる天体を見つけ、それがくだんの惑星だと確認した。その天体はそれから二十年あまり、十数回にわたって繰り返し目撃されることになる。軌道が算出され、古い記録の中に昔目撃された謎の天体としてよみがえり、さらに、名前まで獲得することになる。

ただし、一つだけ問題があった。

惑星ヴァルカンは実在しなかったのだ。

本書で紹介するのはヴァルカンの物語である。ヴァルカンの由来、誕生、黄昏時に発見しようと躍起になっている人々の手に入りそうで入らないこの惑星がたどる奇妙な道、その苦難の歴史、そしてついに一九一五年十一月十八日、アルベルト・アインシュタインの手によってとどめを刺されるまでの一部始終だ。

これは一見ちょっとした茶番、十九世紀の天文学の愚挙、ヴィクトリア朝の紳士たちが繰り広げる見当違いの追いかけっこのように思えるかもしれない。しかし、単なる間違いの喜劇とは一線を画する。ヴァルカンの物語ははるかに深い何か、科学が真に進歩し核心に至る道のり(学校で教わるものとは相対する)についての洞察を暗示する。

物質世界を理解しようとすれば、ある重要な問いにぶつかる――自然界で観察されたことが人類の既存の知識の枠内に収まらない場合はどうなるのか。新たな事実に合わせて科学的概念が進歩するはずだ、というのが標準的な答えだ。結局のところ、科学とはものごとを正確に解明する方法として比類なく強力であり、それはなぜかといえば、科学の主張は、最も支持されているものも含めて、すべて現実という究極の検証にさらされるからである。科学的手法の一般的な説明では、実験および観測の結果が理論と一致しなければ、その理論は無効であり、新たな理論を構築する必要がある。

しかし概念というものはそう簡単には消えない。ましてアイザック・ニュートンのものとなればなおさらだ。何十年もの間、古い重力理論の影響力は絶大で、複数の大陸で観測者たちはヴァルカンの姿を求めて、網膜を傷めかねない危険を冒して太陽に目を凝らしたのだった。そして、科学の一般的なイメージに反して、水星の運動が理論の予測とずれているという事実だけではニュートン力学の揺るぎない体系を覆すことなど到底できなかったのである。ヴァルカンの苦難の歴史が明らかにするように、強力な、あるいは美しい、あるいはひょっとしたら単になじみがあって便利な世界観を放棄するには、放棄せざるを得ない状況――および真の代替案が不可欠なのだ。

アインシュタインがヴァルカンを歴史から消し去ったのは、戦争が始まって二度目の十一月の第三木曜日だった。彼は十年近くを費やして、重力について従来とはまったく違う新たな構図を描き出した。物質とエネルギーがいかにして空間と時間をつくるのか。空間と時間はそれぞれが取るべき道をいかにして決めるのか。その木曜の午後、ほかの会員たちに提示したように、アインシュタインは水星の「ずれ」が自然な経路にすぎず、相対性が成立する宇宙において取るべき道であると判明した経緯を示した。それは周到な数学的推論の末に浮上した結論であり、物質を数学的に分析して得られた当然の結果であった。

そうした状況でヴァルカンが葬り去られたことは一般相対性理論の正しさを初めて証明し、宇宙の仕組みについてアインシュタインが何かしら真実をつかんだ証しとなった。しかしそこに至るまでには、一般相対性理論の根本的な異質さを理解して結論までたどり着くためには、大胆さと極めて精密かつ繊細な論理的思考の両方が必要だった。八年に及ぶ刻苦の末に、アインシュタインは幻の惑星を葬り去った。その経緯は、定説を乗り越え、余人には成し得なかったことを完遂したアインシュタインが、いかに優秀な頭脳の持ち主だったかを物語っている。

アインシュタインは普段はかなり冷静な人物だったが、このときばかりは骨の髄まで興奮したようだ。水星の軌道を計算し終えて、純然たる推論の長い鎖からどんぴしゃりの数値がはじき出されると、彼は友人たちに「興奮に我を忘れている」と語った。水星の運動の様子が自分の方程式から現れるのを目にして、心を貫かれたと言った。胸がときめき、「まるで自分の中で何かが爆発したような」感覚を覚えた、と。

すでにヴァルカンは消えて久しく、ほとんど忘れ去られている。今では単に物珍しいもの、先人たちが犯した過ちの一つにすぎず、私たちは同じ轍を踏まないだけの分別はあると思うかもしれない。だが科学で説明のつかないことにどう対処すべきかは、科学革命の当初から現在に至るまで厄介な問題となっている。私たち現代人は当時の人々よりも知識があるかもしれない――いや、ある。しかし、だからといって先人たちの思考回路や想像力の飛躍やミスをする可能性と無縁ではない。ヴァルカンの数奇な運命は、人間が何かを発見できる一方で、自分自身を欺く可能性もあることを浮き彫りにする。自然界がいかに理解しがたく、そしてどんな人間にとっても自分の思い込みを捨て去ることがいかに難しいかを、私たちは垣間見ることになる。

つまるところ、これは思い込みを捨て去ったときに生じる愉悦についての物語なのである。

PART ONE
NEWTON TO NEPTUNE

(1682-1846)

（パート一）ニュートンから海王星まで（一六八二年〜一八四六年）

一六八四年八月、ケンブリッジ。

エドモンド・ハレーは悲しく悩ましい春を過ごした。三月、父親が謎の失踪を遂げた――スチュアート朝末期に噴き出した政治的混乱の中ではそうした運命は必ずしも珍しいものではなかった。五週間後、父親は遺体となって発見された。遺書はなく、息子のハレーはそれから数か月、対応に追われた。父親が教区牧師に貸した十二ポンド、ある女性に支払う約束になっている不動産売買絡みの年賦金三ポンド、回収すべき家賃と納得させるべき管財人。みじめな雑務に夏まで時間を取られ、しまいにはロンドンにいたままでは解決できない細かい問題に直接対応するため、ケンブリッジシャーまで赴くはめになった。

行程の前半は楽しいことなど一切なしだったが、法的な問題が片付いた後は、予想外の楽しみがやってきた。一月、厄介事が始まる前、ハレーはちょっとした天文学の分析をしていた。太陽のまわりを回る惑星を軌道につなぎとめている力が、各惑星の太陽からの距離の二乗に比例して弱まっていることを計算によってはじき出したのだ。だがその結果はすぐに問題を投げかけた。その数学的関係――いわゆる逆二乗の法則――で、すべての天体が観測された軌道上を移動する理由を説明できるのか。

一見専門的に思えるその話が、実際には何を問うているのかを、ヨーロッパ有数の頭脳の持ち主たちは理解していた。これはのちに科学革命と呼ばれることになる、科学の言葉として数学がラテン語に取って代わるまでの、長きにわたる闘争のターニングポイントだった。一六八四年一月十四日、王立協会での会合の後、ハレーはばったり出くわした二人の旧友と会話を交わした。一人は博学者のロバート・フック、もう一人は前協会長のクリストファー・レン卿だった。じきに天文学の話題になり、フックがすべての天体の運動を逆二乗の法則で説明できることをすでに証明したと主張した。しかしレンは信じず、ハレーとフックに、二人のうち二か月以内に厳密に証明できたほうに賞品――四〇シリング、現在の貨幣価値に換算して約三〇〇ドルの価値がある書物――を出そうと申し出た。ハレーは自分は証明できないとすぐさま認め、フックは虚勢を張ったにもかかわらず、期限までに書面で証明することができなかった。

この件はそのまま行き詰まっていたが、ハレーが父親亡き後の身内のいざこざからようやく解放されると、再び進展があった。ハレーはどのみちロンドンを離れて東へ行く用事があったので、それならばいっそケンブリッジで大学に立ち寄り、気晴らしに昼下がりの自然哲学談義をしていくくらいは構わないだろう、と思った。街に入り、ケンブリッジ大学のトリニティ・カレッジのグレートゲイトに向かった。門をくぐって左の校庭へ、それから右折してすぐのところにある階段を上った。それは数学ルーカス教授職、アイザック・ニュートンの部屋へと続く階段だった。

一六八四年夏のニュートンは、当時のほとんどの人々にとってどこか謎めいた存在だった。ロンドンの自然哲学者たちは彼が恐ろしいほどの知性の持ち主だと知ってはいたが、知り合いの一人、まして友人の一人だと考えていたのはハレーなどごく少数しかいなかった。ニュートンが公にした研究成果はわずかだった。ニュートンの名声の源は一握りの非凡な成果であり、その大部分は一六七〇年代に王立協会の事務局長に送られたものだったが、本人は癇癪持ちで高慢で怒りっぽく、嫌になるくらい根に持つタイプで、過去にフックともめた経験から、人前での口論を避けたがった。その後十年間、研究の大半を秘密にした――あまりに隠したので、一六八四年春に世を去っていたなら、非常に才能はあるがかなりの偏屈者として記憶されるにとどまっただろうと、ニュートンの伝記を書いたリチャード・ウェストフォールが述べているほどだ。しかしグレートコートと呼ばれるトリニティ・カレッジ中庭の、北東の隅にある研究室で中に入ることを許された人々を迎えたのは、本当の温もりとヨーロッパのどんな知識人も太刀打ちできない知力を秘めた人物だった。

ハレーが訪れたその夏の日のことを、ニュートンはだいぶ後になって別の友人に語っており、その年老いた友人の記憶違いでなければ、二人はしばらくあれやこれや話をしたらしい。

だがしまいにハレーが、一月から自分を悩ませている問いについて切り出した。例の逆二乗の関係はどうなっているか。「惑星が太陽に引きつけられる力が、太陽からの距離の二乗に反比例するとしたら」惑星の軌道はどんな曲線を描くのか。

「楕円だ」ニュートンは即座に答えた。

ハレーは「驚嘆と喜びに打たれ」、ニュートンにどうしてそこまで確信が持てるのかと尋ねた。

「私が計算したからだ」と答えたとニュートンは当時を振り返ったという。計算過程を見たいとハレーに言われてニュートンはメモを探した。だが見つからないので、探し出してロンドンのハレーのもとに送ると約束した。見つからなかったというのは十中八九嘘だろう。計算過程は後日ニュートンの研究論文の中で見つかっており、ハレーが熱心に待っている間にニュートンは気づいたのかもしれないが、一つ誤りがあったのだ。

だがニュートンは動じなかった。秋に計算をやり直し、先へ進

右：当時人気のあった肖像画家ゴドフリー・ネラーによるアイザック・ニュートンの肖像画。知られているものでは最も古い（1689年）
左：エドモンド・ハレーの肖像画。『プリンキピア』刊行前後にトマス・マレーが描いたもの

んだ。十一月には「回転している物体の運動について（*De motu corporum in gyrum*）」と題する九ページに及ぶ綿密な数学的推論をハレーに送った。後にニュートンの万有引力の法則――逆二乗の法則――と呼ばれるようになるものでは、一定の状況では、ある物体のまわりを周回する別の物体の軌道は、ちょうど太陽系の惑星の軌道と同じで、楕円形になるはずだということが証明された。ニュートンはさらに、運動の一般論を初めて概説した。それらの一連の法則は、適切に展開すれば、宇宙のいかなる――あらゆる――ところで物質がどのように、どこへ、いつ、動くかをすべて説明できるはずだった。

出来上がった小冊子は、ハレーが最初に古い考えを見直すようニュートンを駆り立てた際に期待していた以上のものだった。それでも一読した途端、ハレーはそれがさらに重要な意義を持つことを理解した。彼の友人であるニュートンは、惑星力学の問題を一つ解決しただけではなかった。それどころか、ニュートンが概説しているのははるかに重要なもの、すべての運動を説明できる可能性を秘めた、それまでになく厳密な運動の一般論だった。

ニュートンも目の前のチャンスに気づいていた。彼は秘密主義で有名で、かれこれ十年以上、研究成果をまったくといっていいほど公表していなかった。だがこのときはハレーの励ましに押し切られる格好で、自分の研究成果を世に知らしめようという明確な意図をもって執筆に取りかかった。以来三年を費やし、ニュートンはアイディアを運動の問題全般に応用し、自然を定量的法則に基づいて説明した。第一巻、第二巻については原稿が完成した都度ハレーに送られ、ハレーは印刷所に渡す分厚い数学的なテキストを準備しながら、ニュートンをせっついて、当時最高の一冊になるに違いないものの執筆を続けさせるという一人二役で奮闘した。ついに一六八七年、ハレーはニュートンの結論を手にした。すなわち、誇らしげに、かつ、いみじくも「世界の仕組みについて」と題された第三巻だった。

これがメインベントであり、ニュートンは自ら生み出した新たな科学ですべての運動を包括的に説明できると実証してみせたのである。彼は自らはじき出した方程式、幾何学的論証、運動に関する証拠を総動員し、夜空の事象を詳細かつ数学的に正確に記述した。木星の衛星の分析から始まり、太陽系のほかの惑星を経て、最後はこの地球の表面に戻る、系統立った運動理論だった。地球の表面についての説明は、素晴らしく精緻かつ簡潔なものだった。月と太陽の重力の綱引きがいかにして一見複雑な潮の満ち干きを生んでいるかを説明し、海面の上昇と下降に厳密で計算可能な科学的秩序を与えたのである。

そこでやめてもよかった。稀代の素晴らしい物語が然るべき結末を迎えたところで幕となっても少しもおかしくなかっただろう。頭上に広がる星の海（木星の周囲を回っている、肉眼では捉えられない小さな星屑）から足下の地球へ、すなわち私たちの故郷へと至る、長い知的探求の旅の物語であり、その過程であらゆる出来事が一握りの簡潔な法則によって論理的に説明される。

しかしニュートンは手書き原稿の最後の部分をハレーに渡す前に、もう一つ問題に取り組むことにした。そもそもハレーとニュートンを引き合わせたのは彗星だった。二人が出会ったのは、一六八二年の明るい彗星を追いかけたときのことだった——現在で言うハレー彗星だ*。

しかし執筆終盤の数か月、ニュートンの注意を引いていたのは別の物体だった。一六八〇年の大彗星、ドイツの天文学者で暦製作者のゴットフリート・キルヒが発見した彗星だ。

キルヒ彗星自体、科学革命における一種の一里塚だった。一六八〇年十一月十四日の夜、キルヒは普段どおり仕事に取りかかり、まったく別のものを探して、長期にわたる観測計画の一環として星図を作っていた。その晩もいつもの手順で作業を始めた。望遠鏡を最初の対象に向け、メモを取り、見慣れたパターンを追った。それから望遠鏡を少し動かすと、それまで見たことのないものが現れた。「何かぼうっとした感じの点、見慣れないもの」だった。キルヒはその見慣れぬものを捉え、しばらく追った末に確信した。それは普通の星ではなかった。キルヒが見つけたのはさすらい星、彗星だった——科学的発見の象徴である望遠鏡を使った初めての発見だった。

＊脚注＝その物体は独自の楕円軌道——主要な惑星の軌道よりはるかに細長い楕円——を描いて太陽の周囲を約76年周期で一周する。のちにハレーはその彗星が目撃された歴史をニュートンの引力の計算の範囲内で分析することによって、彗星が繰り返し地球に接近していることを解明し、新たな科学の初期の勝利の1つを挙げることになる。

一六八〇年の彗星はニュートンにまたとないような機会をもたらした。ニュートンはすでに自らの新しい数学的法則で分析した惑星の軌道の形を知っていたが、この未知の訪問者は新たな挑戦を突きつけた――これまで誰も目にしたことのない天体の運動を自分の万有引力の法則で説明できるのか。ニュートンはまずキルヒ彗星の軌道を、信頼できる観測者の報告から図に記入した。観測結果を線で結び、軌道を割り出した。それは独特の曲線で放物線と呼ばれるものだった。放物線はニュートンが分析したばかりだった惑星や衛星の楕円軌道と数学的に似ている。重要な違いは、楕円は閉じられた曲線であることで、地球、惑星、ハレー彗星、NASCAR（全米自動車競争協会）レースに参加するドライバー[†]は、楕円形のコースを周回する。一方、放物線を描く物体は違う。放物線は開かれた曲線で、始点から、ある焦点（一六八〇年の彗星の場合は太陽）に近づいてその周囲にカーブを描いた後、再び遠ざかっていき、二度と始点付近には戻らない。

一六八〇年の彗星がまさに放物線を描いて太陽系に入り、そして去っていったことを、ニュートンはすべての読者が間違いなく理解するように手を尽くした。非常に長く難しい著書の最後で、何ページも割いて、星座の間を通過する彗星を追いかけた人々による詳細な観測記録を紹介した。一つ残らず、あたかも読者を暗黙の同意に追い込もうとするかのように。説明が終わる頃には、疑いの余地はなくなっていた。一六八〇年の彗星はいずこからともな

†脚注＝はっきりさせておくが、NASCAR競技のコースは完全な楕円ではないのが普通だ。

くやってきて、太陽の近くでカーブを描き……はるか遠く、星図にない広大な空間へ姿を消し、どうやら二度と戻ってこないらしかった。

それから最後にもう一つ、ニュートンが成し遂げた偉業があった。集めた観測記録のうち三つだけ、彗星の軌跡上の三つの点だけを選び、新たに発見した力と運動の数学的モデルを使って彗星の軌道を割り出したのだ。計算によって得られた答えは完璧だった。計算結果を図にしたところ、現れたのはすべての観測者が突き止めたのと同じコース――放物線だった。*理論的な複雑さ――幾何学の仮面をかぶった円錐曲線や曲線や微分積分すべて――を取り除いて残ったものは、ニュートンのみならず、物質世界を理解するまったく新しい方法の勝利でもあった。

一六八〇年の彗星に関する記述は、ニュートンの著書の真の山場となった。日常の体験――リンゴが落ち、矢が飛び、月が決まった道を通る――を支配する法則が、宇宙の果てまで、そこで起きるあらゆる体験を支配すると宇宙が証明したのだった。放物線には終わりも始まりもない。一本の腕が果てしない平面から伸び、別の腕が同じ無限の中へ消えていく。物質世界において、太陽を中心にして放物線を描く一六八〇年の彗星の運動は、私たちの身近で起きる事象だけでなく、宇宙の最果てから最果てまで、森羅万象を浮かび上がらせる。

ニュートンは自分が何をしたのかを正確に分かっていた。彗星に関する部分の終わり近く

＊脚注＝ニュートンは後日再び1680年の彗星の真の軌道についての問題に立ち返り、彗星の軌道が放物線ではなく非常に細長い、長期にわたる楕円軌道である可能性を検討した。そうした軌道を確信を持って割り出すことはできずじまいだったが、575年周期の軌道を持つ可能性はあると考えていた。後世の分析では、考えられる周期をおよそ1万年周期としている。

で次のように書いている。「天空の大部分でこれほど均一でない動きにぴったり対応し、惑星の理論と同じ法則に従い、精緻な天文学的観測に完全に符合する理論が、真実でないはずがない」

エドモンド・ハレーも同じ意見だった。無邪気にたった一つだけニュートンに証明を求めた三年後、ハレーは彼がまたしても厚かましく、またしても的確に『フィロソフィー・ナチュラリス・プリキピア・マテマティカ（自然哲学の数学的諸原理）』と題した原稿の最後の部分を印刷所に持ち込んだ。ニュートンという気難しい著者をなだめすかしながら、彼の膨大な手書き原稿を書物に仕上げるため、ハレーは一六八四年以降、自分自身の仕事をする暇などなかったが、ようやくゴールにたどり着き、今度は自らのウイニングランを実現した。『プリンキピア』を印刷に回すと、編集者の特権を行使して、ニュートンの散文につけた序文で、ニュートンとその偉業を詩的な言葉を用いて称えたのである。「しかし今や私たちは神々の饗宴に加わることを許された／天空の法を以て対処することができる。そして曖昧な地上の謎を解く鍵を手にし／世界の動かざる秩序を知っている／……ニュート

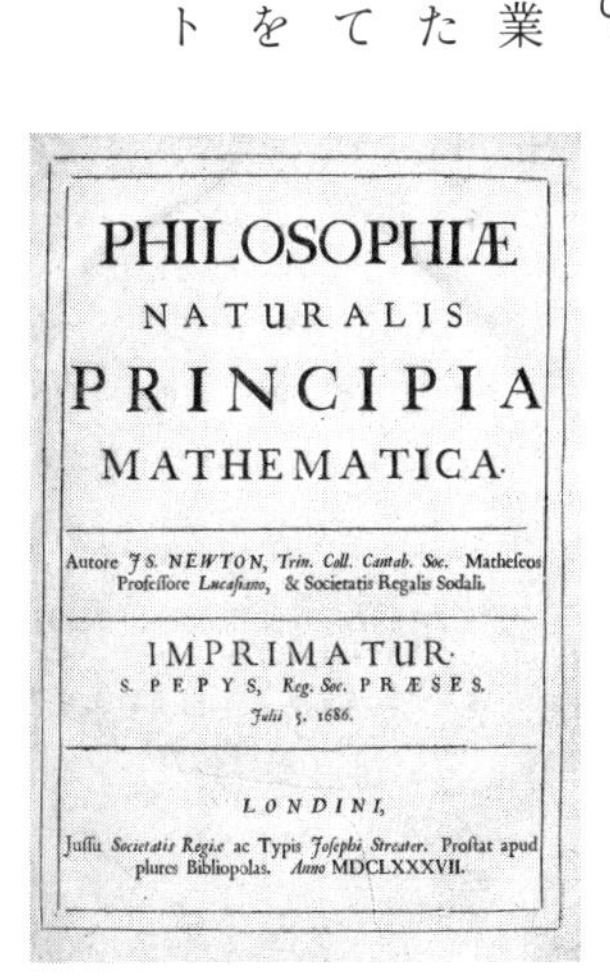
PHILOSOPHIÆ
NATURALIS
PRINCIPIA
MATHEMATICA.

Autore JS. NEWTON, Trin. Coll. Cantab. Soc. Matheseos Professore Lucasiano, & Societatis Regalis Sodali.

IMPRIMATUR.
S. PEPYS, Reg. Soc. PRÆSES.
Julii 5. 1686.

LONDINI,
Jussu Societatis Regiæ ac Typis Josephi Streater. Prostat apud plures Bibliopolas. Anno MDCLXXXVII.

プリンキピア初版の扉

ンを称えて共に歌おうではないか、すべてを明らかにしたその人、／隠された真実の引き出しを開けたその人を」

隠された真実が明らかになった！　それは詩的な誇張などではない。神々や天空について述べながら、ハレーの言葉は的を射ている。ニュートンは読者に世界の仕組みを約束した——これは実際に読者が受け取ったもの、宇宙の端から端まで、空間と時間の極限まで、動いている物体を調べる方法だ。偉大なフランス人数学者のジョゼフ＝ルイ・ラグランジュが次のように語ったことは有名だ。「ニュートンはこれまでで唯一無二の天才であり、最も幸運な人物だった。確立すべき世界の仕組みを私たちが見い出せるのは一度きりなのだから」

アイザック・ニュートン卿は一七二七年に世を去った。イギリスの詩人アレクサンダー・ポープは有名な二行連句（カプレット）を捧げた。「自然と自然のやり方は夜の闇に隠れていた。／神は言われた、『ニュートンあれ』。すると、すべてが光となった」。もちろん誇張だが、十八世紀が幕を開ける頃には、イギリス人らしい控えめな表現としか思えなくなることになる。

2章 「幸せな考え」

一七八一年三月、バース。

ウィリアム・ハーシェルは仕事のためにバースの街にやってきた。ハーシェルはドイツのハノーバー出身で、職業は音楽家、一七八〇年にバースのオーケストラの指揮者に就任した。とはいえ、音楽は生計のためで、情熱を傾けてきたのは星々、きっかけは、彼以前にも彼以後にも多くのアマチュア天文家を虜にしてきたのと同じ光景――まばゆく輝く土星の環を目にしたことだった。

目にした光景に触発されて、ハーシェルは独学で(鏡の微調整が兄より得意だったとされる妹キャロラインの助けを借りて)望遠鏡を製作、一七七四年には早くも、ただ星を眺めるだけの状態から系統立った天文学に移行していた。バースでは一見面白味に欠ける計画に取り掛かった――二重星の分析だ。二つ一組の光の点が実際に近くにあって重力で引き合っている二つの星なのか、それとも「光学的二重星」、つまり無関係な二つの星がたまたま同じ方角に見えるだけなのかを識別するのが目的だった。

観測開始からまもない一七八一年三月十三日火曜日、上流階級のディナーで女性たちが席

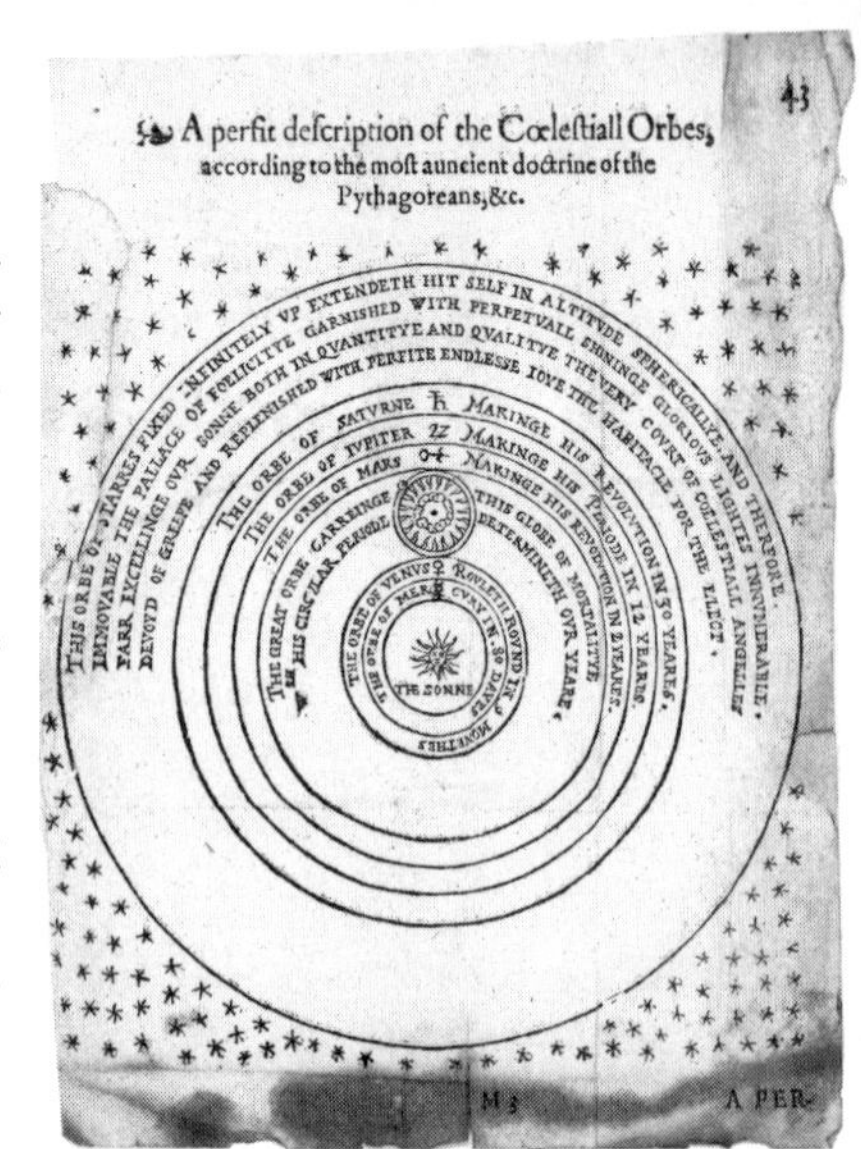

トマス・ディグスによるコペルニクス的宇宙の図（1576年初版）、万物のすべての要素が1781年春に知られていたとおりに描かれている

を立ち、男性たちが食後の葉巻と飲み物を楽しむ時刻、ハーシェルは日課になっていた作業に取り掛かった。手持ちの望遠鏡の中で最大かつ最新のもの——イングランド最高の、口径六・二インチ（約一五・七センチメートル）のニュートン式反射望遠鏡——を牡牛座と双子座の間にある二重星候補に向けた。二つ一組の星の片方はまったく見分けられず、普通の光の点、一つの星にすぎなかった。もう片方はどうだったのか。奇妙な眺めだった——ぼやけて見えた。何より、拡大すると見え方が変わった。ハーシェルはその夜、次のような記録を残している。「二つの星のうち下のほうの星は不思議で、雲をまとったように見える星か、ひょっとすると彗星かもしれない」

ハーシェルは以後一か月間観測を繰り返し、ついに、それが本当に彗星候補であり、数多の星を背景にして移動していると確信するに至った。しかし、その頃には、この「彗星」が妙な振る舞いをしていることが明らかになっていた——空で大きくなっている様子がなく（直径が大きくなったのを測定したとハーシェルはしばらく信じていたが）、尾が伸びる兆しもなかった。ハーシェルは観測結果を王立協会に報告し、それを機にほかの観測者が検証を開始した。

五月、二人の数学者――フランス人とロシア人――がそれぞれ独自に、過去の目撃記録から真の軌道を割り出した。二人が証明した（ハーシェルは証明していなかったので）のは、この旅人が彗星ではないことだった。むしろ、軌道は円に近く、太陽からの距離は、天文学への入口となる、環を持つ巨大な土星を上回っていた。

有史の始まりからバースのその夜まで、人類は空を横切る「迷い星」がいくつあるかを正確に知っていた。わずか六つ――太陽に最も近い水星、続いて金星、それから私たちの地球、火星、木星、そして最も遠い土星だ。一六〇九年にガリレオが自ら発明した奇妙な装置――管の両端にガラス製の円盤をくっつけたもの――を空に向けて、太陽系の家系樹に木星の衛星を加えた後でさえ、惑星の数は安泰だった。しかし事情が変わった。慣例により、天文学史では天王星の発見された日をハーシェルが初めて目撃した一七八一年三月十三日としている。

当然ながら、この空前の発見はハーシェルを一躍時代の英雄にした。イギリス王ジョージ三世は、ウィンザー城に観測所を移せば手当てとして二百ポンドを遣わすと持ちかけ、さらに騎士（ナイト）の爵位までちらつかせた。ハーシェル以外の天文学者たちも報われた。天王星はまたとないチャンスを生んだ。現実世界を数学的に説明するニュートン力学を独自に検証し得る初めての大発見だったからだ。別の言い方をすれば、それまで知られていなかった物体が天文学界に検証する機会を与えたのだ。彼らの基本的なツールは実際にどの程度、既知のものだけでなく三月のその晩まで存在さえ疑われることのなかったものに対しても適応するのか。

いち早く挑戦した一人は、若く聡明なフランス人数学者、ピエール＝シモン・ラプラスだった。ラプラスは一種の神童だった。その八年前にわずか二十四歳でパリ科学アカデミーの会員に選ばれ、以来、純粋数学、重力、確率論などについて最先端の研究成果を挙げていた。ハーシェルの観測の報を耳にしたラプラスは、すぐさま、ニュートン力学を未確認の物体に適用しようと殺到するヨーロッパの思索家たちに加わった。ハーシェル自身がそうだったように、ラプラスもその物体が彗星であるとの結論に飛びついた（それはもちろん、ばかげた想定などではなかった。天体観測に望遠鏡が使われる前も使われるようになってからも、たくさんの彗星が目撃されているが、新しい惑星を発見した者はいなかった――天王星が発見されるまでは）。

ピエール＝シモン・ラプラスの肖像画。
彼の死後にソフィー・フェイトーによって描かれた

しかしラプラスは彗星の軌道としておかしくないものを算出できず、天王星の本質を明らかにすることを他人に委ねた。だがその後、再びデータを取り上げ、一七八三年前半には天体の動きを分析する、新たな、より一般的な方法を考案した。新しい方法を天王星に適用し、その軌道を他に先駆けて最も見事に説明した。ラプラスにとってその計算は、分析能力のかなりささやかな誇示であると同時に、ライフワークとなるものの幕開けの一つでもあった――ラプラスはかつてないほど洗練された数式で表されたニュートン物理学を使って、ニュートン卿が基礎をつくったあることの総仕上げに乗り出した。それは既知のものも未知のものも、宇宙のあらゆる物体の振る舞いを説明できる「世界の仕組み」を詳細に構築することだった。

その仕事には三十年以上の歳月を要した。一七八〇年代から十九世紀初頭にかけて、ラプラスは太陽、太陽系の惑星、各惑星の衛星の相互作用について、誰よりも包括的な説明を生み出した。数式が洗練されていくにつれ彼の説明は正確さを増していき、ニュートンが宇宙は理解可能なものにできると示すために用いた基本的論理を、ラプラスは宇宙が実際にどのように振る舞うかについての壮大な叙事詩に変えた。

ラプラスの取り組みはハッピーエンドを迎えることが常に保証されていたわけではない。

十八世紀後半、太陽系の星々の動きや相互作用についてはまだわかっていないことが数多く残されていた――なかには何十年も解決されないままの疑問もあった。最も差し迫っていたのは、木星の動きが十七世紀末にはそれ以前の記録よりも速くなり、土星のほうは遅くなっているように思える点だった。太陽系に関する最も簡潔な（ニュートン自身が『プリンキピア』で行ったような）分析によれば、こんなことは起こり得ないはずだった。しかし実際は、ほかならぬニュートンの親友ハレーが報告したように、明らかに起きていた。

ここでラプラスが登場、科学革命以後の科学の彼なりのバージョンがいかにして新しい知識を生み出したかを見事に示すことになる。ニュートンの重力理論は端的に言えば、二つの物体がどのように影響し合うかを正確に説明する式だ。一握りの基本的なパラメーター――影響し合う二つの物体の質量、両者の距離――が分かれば、数式を使って重力の相互作用をはじき出すことができる。* そこから軌跡、軌道、あるいは彗星（もしくは砲弾）の移動ルートを割り出すのはやや複雑ではあるが、それほど大きな差はない。

けれどもそうした計算は常に理想化されている。現実はたいていもっと厄介で、基本的な法則をそのまま当てはめても通用しない場合が多い。ニュートンの科学が――いかなる抽象的な主張も――真に試されるのは、従来の理解と事実が相反するケースだ。土星と木星の実際の運動が、理論の予測と一致していない状況は、問いを突きつけた。予測と事実の不一致

＊脚注＝たとえば、地球の月に対する引力の強さを割り出すには、地球の質量×月の質量×ニュートンの重力定数を地球と月の距離の２乗で割る。そうすれば答えが得られる。

は何を意味するのか。それは問題なのか、それともチャンスなのか。

　ラプラスは自らの信条に固執した。「物理学において、すべての天体が重力で引き合うことほど、反駁不可能で観測と計算の合致によってしっかりと確立された真実はほかにない」とラプラスは記した。そして、これはニュートンの功績であり、「自然哲学における史上最も重要な発見」の成果だと、付け加えている。しかしラプラスの賛美のカギは、観測と計算がニュートンの発見したことに合致する必要があるという点にあった。では、合致しないとしたら、どうすればよいのか。ラプラスが間違いなく知っていたとおり、現実界が理論上の説明を混乱させる場合、単にその理論が間違っている可能性がある。だが別の選択肢もあった。測定可能な何かが理論と合致しないのなら、次にすべきは明らかに、現実界を再び数学的説明と合致させることのできる別の何か、何か別の要因を探すことだとラプラスは考えた。ひょっとすると数式自体を理解する新たな方法を見つけるべきなのかもしれなかった。言い換えれば、何か矛盾があれば、それはおそらく自然界に、ことによると自然のありようを理解するために構築された抽象的な考えの中に、ほかに何か発見すべきものが存在するということなのかもしれない。

　一七八五年、ラプラスは木星と土星の問題に取り掛かった。まずしっかりした根拠に基づいて作業を始めた。ニュートンの法則をそのまま解釈すれば、土星と木星は相互作用するは

The Solar Syſtem

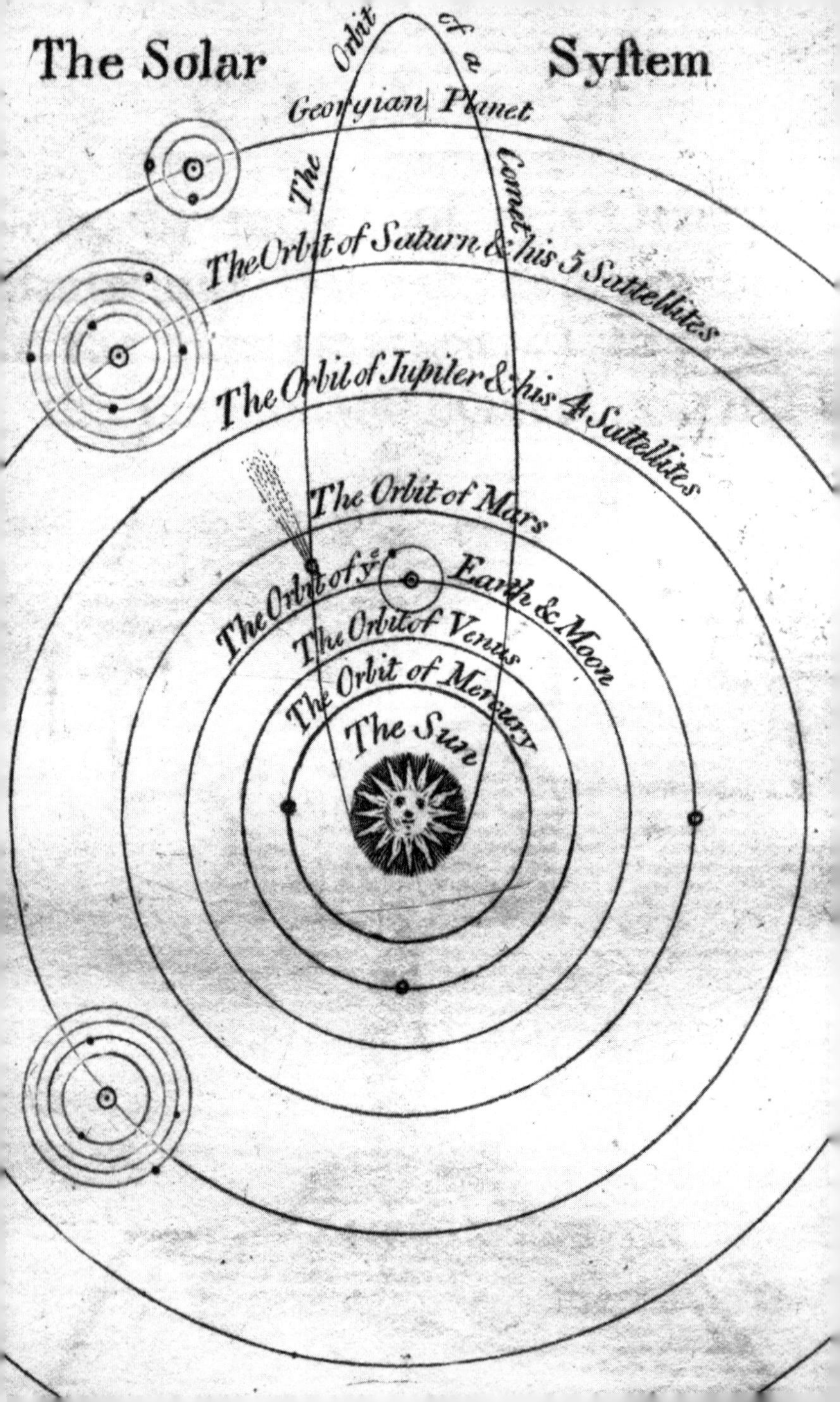

The Orbit of a Georgian Planet

The Comet

The Orbit of Saturn & his 5 Sattellites

The Orbit of Jupiter & his 4 Sattellites

The Orbit of Mars

The Orbit of yͤ Earth & Moon

The Orbit of Venus

The Orbit of Mercury

The Sun

ずで、二つの惑星の重力的なダンスは、実際に観測されたとおりの運動で、より大きい惑星は加速し、より小さい惑星は減速している可能性があった。ラプラスは先人たちが試みた計算をやり直したが、結果は同じだった。観測された減速と加速の規模はほぼ正しく、「誤差」はごくわずかで、ニュートンのミスが原因ではなく、ニュートンの後継者たちが何か見逃しているのだという直感を裏付けていた。

かくして自身の疑問を晴らしたのち、ラプラスはまだ誰もできずにいたことに挑んだ——木星と土星の運動を時間的・連続的に追跡するような数学的方法を構築しようとしたのだ。二つの惑星の相対的位置が変わるたび、それぞれの重力を運動に換算する数式に代入するパラメーターが変わる。このアプローチがうまくいけば、「誤差」——木星がどういうわけか少しばかり加速していること——は、時間の経過に伴う運動のパターンの推移を記述する重力の数学の、まったく「自然な」予言であることが、おのずと明らかになるだろう。これは知的な離れ業であり、天体の振る舞いを観測することから、それらの振る舞いを分かりやすく記述できるような数学的モデルへの移行だった。

ただし一つだけ障害があった。二つの惑星の位置と関係を三次元空間で時間変化するように表示するには、ラプラスはひどく複雑な数式システムを構築しなければならなかった。その数学的モデルを解くには（たぶん）同じように気の遠くなるような計算をせざるを得なか

右＝1791年に子供向けの科学本トム・テレスコープ・シリーズの一環として出版された太陽系の星図。この極めてイギリス的な設定において、天王星はまだ「ジョージの星」となっている——長くは続かなかった惑星間のナショナリズムの試みだ

った。結局、九三年の歳月を要した——しかも退屈で骨の折れる分析作業が不可欠で、非常に有能な助手なくしては成し得なかっただろう。それでもついに一七八八年、謎を解いたと発表できる日が訪れた。観測された木星の加速と土星の減速は、ラプラスに言わせれば、二つの惑星の軌道がずれて両者の間に働く重力がわずかに変化するのが原因だった。重力の変化は何世紀にもまたがって——実に九百二十九年という周期で起きていた。この主張の正しさを検証するため、記録で分かるところまでさかのぼって、特定の軌道を描く正確な時期を確認し——紀元前二二八年以降の観測に対して理論の真偽を検証した結果、ラプラスは二つの惑星が、測定可能な限り正確に、ニュートンの理論に合致していると示すことができた。

それは華麗な妙技であり、ラプラスの数学的才能をほとんど信じがたいほど巧みに見せつけた。さらに、ニュートンの理論がラプラスの言う「反駁不可能な真実」であると確認するばかりか、科学革命自体の真に革命的な本質を確認することにもなった。ラプラスは数学的ツールを考案し、それによってニュートン自身がつくり出した根本法則の範囲を拡大した。この新しい計算のおかげで、モデル化しようとする物体の物理的な振る舞いをより鮮明に説明できるようになった——いわば写真の解像度が高くなったようなものだ。何より、その画像は単に精密さを増しただけではない。新しい情報、より詳しいことを含んでいた——この場合は、惑星同士が千年近くかけてゆるゆると繰り広げる秘密のダンスだ。

それがラプラスら当時の天文学者が理解した、ニュートン力学の奥深さだった。ニュートン力学は発見の推進力であり、数式に正確に表現される論理を原動力としていた。通常の方法での探求に終わりはなかった――たとえば新たに天王星が太陽系の惑星に加わったことは、科学の道具の技術が進歩するたびに思いもよらなかった領域が明らかになる可能性を明示していた。しかし、ニュートンが行った自然哲学の数学的再構成をニュートンの信奉者や解説者たちがさらに掘り下げるにつれて、数学の内部も同じように探求することができる、ぱっと目を引き、探求者を広い世界そのものにおける発見に導き得る知的な旅ができることが明らかになった。

ラプラスが次に行ったことには、そうした変貌をめぐるもう一つの考え方が伴っていた。画期的な『天体力学（*Celestial Mechanics*）』は全五巻、千五百ページにわたる濃密な分析と計算で、ニュートンの万有引力、つまり天空のあらゆる物体が引き合うことによって、「厳密な計算をすれば、あらゆる天文現象の完全な説明と、天体の動きの表と理論を完璧にする手段が手に入る」と例示することを目指している。

広範な計算の末に、ラプラスはやったと確信し（満足し）た。太陽系の――暗に宇宙全体の――力学はニュートンが最初に主張したとおり、万有引力の法則に支配されている、と。

土星と木星が約九百年周期で動いていると分かった結果、太陽系全体は安定しており、その運動はこれまでに調べられた時間のスケールのすべてにおいて落ちついている、とラプラスは結論した。そうした安定性はラプラスの第三の結論も裏付けた。すなわち、太陽系——および宇宙全体——は正式にはいわゆる「決定論」に左右される、というものだ。目撃され、測定され、あるいは観測されるあらゆる事象は、具体的なプロセスなり原因なりが生み出す、必然の結果だった。

その主張が持つ明らかな含みは、それがたちどころにラプラスの同時代人たちの目を引いた。逸話によれば、一八〇二年、当時の第一執政ナポレオンがしばしの平和の間に、少しばかり悪気のない知的な応酬を楽しんだ。ナポレオンは碩学者を数人もてなした——ウィリアム・ハーシェル卿その人と、著名な物理学者のラムフォード伯、ジャン＝アントワーヌ・シャプタル内相（職業は化学者）、そしてラプラスだ。ハーシェルと丁重な挨拶を交わしてから、ナポレオンはラプラスに向き直った。『天体力学』の第三巻が出版されたばかりの頃だった。ナポレオンは国家のさまざまな問題から解放されて、客人たちにぎこちない問いを投げかけるのが嬉しいらしく、数学に詳しいこの友人に、ニュートンの著作を読んだところ、かの名著はたびたび神に言及していたと語った。一方、「君の著作に目を通したが神の名は一度も出てこなかった」。いったいどういうわけか、と。

長く語り継がれるところによれば、ラプラスはこのとき次のように答えたという。「私にはそのような仮説は必要ありませんので」

出来過ぎの感は否めないものの、会話が無血の決闘であった時代に、ラプラスがそんな当意即妙な返答を思いついたとしてもおかしくはない。だが仮に「手直し」されているとしても、それに近いやりとりは二人の間で交わされたはずだ。ハーシェルは日記に、ナポレオンが「これを書いたのは誰か」と尋ね、ラプラスが「一連の自然要因でシステムの構築と保持を説明できることを示したがった」と記している。

それ以上に議論を呼ぶのがラプラスの真意だ。彼は本当に神の存在を否定したのか。それとも、もう少し控えめに、神は日々の現実の管理には無関係だというようなことを言わんとしたのだろうか。そのように関与しない神であっても存在し得るし、かつ究極の第一原因、時間の始まりにおける万物の根源だと見なしても問題ないだろう。しかしその後、神聖なる必要性は解き明かされていく宇宙の歴史に何の役割も果たさないと、ラプラスは言わんとしていたように思える。自然哲学の数学的法則が、影響されやすい頭脳をそういった方向に向かわせる可能性を、ニュートンはずっと以前に認識してはいたものの否定した。むしろ、自然を研究して、創造物の中に彼の神を見つけるチャンスがあると見た。神の意志に適う自然は、（ニュートンのような）達人に神の手が働いていることを明かす、と。彼が解決できない天体力学の不確実さは、システム全体を軌道に乗せておくために全能の存在が果たすべき役割がまだあるという考えを強化するだけだった。

しかし、ラプラスが太陽系の運動の数式を解き終える頃には、彼が更新したニュートンのシステムはそれだけで問題なく機能しているように思えた。何世紀にもわたる分析の結果、太陽系の惑星はおのずとそれぞれの軌道に戻っていた。土星の軌道のぶれは「一連の自然の原因」で説明がついた。木星の衛星の動きも、すべての惑星のコースが長期にわたって安定して見えることも、(憶測では)太陽系全体の起源さえも、だ。ラプラスの神は現に必要な行為主ではなくなった。神の行為は「仮説」と化す――それも一瞬の注目にも値しない、不要な仮説だ。歴史家ロジャー・ハーンによれば、「ラプラスは公私を問わず文書において神の存在を一切否定していない。無視しているだけだ」。

ハーンの解釈はラプラスの見方を的確に捉えているが、完全とはいえない。枝葉末節をそぎ落とせば、ラプラスの経歴の中核を成すものは生涯にわたる原因と結果の問題の考察といえる。ニュートン力学は完璧な知識を生み出せる、観測可能な状況につながる連続した事象をすべて把握できる、と想定することは可能なのだろうか。可能だ、とラプラスは言った。

宇宙の現在の状態を過去の結果および将来の原因とみなしてもいい。知性がある瞬間に自然を動かすすべての力と、自然を構成するすべての要素の位置を知っていて、同時にこれらのデータを分析するほど巨大であれば、たった一つの数式で宇宙で最も大きい天体から最も小さい原子まで、あらゆる物体の動きを包含するだろう。そのような知性にとっては確実でないものなどなく、過去とまったく変わらない未来が今目の前に存在するだろう。

その「知性」は今ではラプラスの悪魔と呼ばれることもある。なるほど強力な生き物で、その力をラプラスの想像力の限界まで持って行けばなおさらだ。ラプラスの悪魔について、当のラプラスはナポレオンの帝国が崩壊した一八一四年、次のように記している。人間は、戦場においてさえ、いや事によれば戦場ではなおさら、運動している物質である。個々の弾丸を停止させ、兵士をそれぞれの運命に向かわせる原因と結果の連鎖をたどることができる知性は、確実に帝国の大義全体の崩壊を（「たった一つの数式で」）捉え得る。

そして、ラプラスが確かに承知していたとおり、『天文力学』は一種の悪魔的な文書として、太陽系の「過去とまったく変わらない未来」を見い出し得る一連のツールを読者に提供するものと解釈できた。言うまでもなく、そのような科学は単にものごとを記述するだけにとどまらない。ニュートンら科学革命世代の直後の世代は、綿密な観測と自然の動きを数学的に記述することとの相互作用を利用して、観測結果と、観測結果から予測できるものの両方をはじき出した。そこに神のごとき知識が存在した——完全に手に入ることはなくとも、それに近づくために。

ラプラスは一八二七年に死去、七十八歳だった。ラプラスによる天体力学の分析には早くも修正が加えられていた。ラプラス自身がニュートンの理論に数学的進歩を加えて太陽系のより包括的な説明にたどり着いたように、ラプラスの後継者たちも新たな方法で万有引力を原動力とする惑星の動きをより正確にモデル化できるようになっていった。こうした変換を得意とする男がいた。男の名はユルバン＝ジャン＝ジョセフ・ルヴェリエ、彼は宇宙の秩序に関する先駆者たちの見方を、つまりニュートン力学の力を、当時としては考えられる限り最も完璧に示していると思われる発見によって実現することになる。

3章　「そんな星は星図にない」

一八三〇年（になっても依然として）セーヌ川南岸沿いのケードルセ六十三番地は川面に面して魅力的なたたずまいを見せていた。観光旅行者（ツーリスト）という十九世紀に登場した新種の人々に早くも読まれていた各種ガイドブックに、六十三番地は「立派な家」と記されている――だが実際には、平民のはるかにありきたりの現実を隠す家だと、書き手たちは警告した。訪問者――要予約、一度に二人まで、木曜日のみ――は中庭に招き入れられ、続いて通された部屋では労働者たち（ほとんどが女性）が大量の生のたばこを手順を踏んで嗜好品――手巻きの葉巻、「船乗りの慰め」となるかみたばこ用の繊維、紳士用の嗅ぎたばこ――に仕上げていた。敷地のあちこちで労働者が機械――細断機、振動式漏斗、嗅ぎたばこ粉砕機、ローラー、ふるい、裁断機、など――を操作していた。十九世紀後半には、ケードルセの工場は年間五六〇〇トンのたばこ製品を生産し、いたるところで目に付きだしたベデカーのガイドブックによれば「立ち寄る価値のある」場所だが、好奇心の赴くままにすれば代償を伴った――「鼻をつくたばこの臭いが衣類に染みついて簡単には取れなかった」。

たばこ工場は確かに見もので、初期の産業の殿堂としてガイドブック（それ自体がまだ目新しかった）に掲載されるに値した。とはいえ、いくら想像力を働かせても、たばこ工場は当時最も名高い数理天文学者になる人物がいるとは到底思えない場所だった――まあ、人生に回り道はつきものではあるが。かくして一八三三年、名門の高等理工科専門学校（エコール・ポリテクニク）を卒業したばかりの青年が、工場の稼働日には欠かさず研究部門に通い、姿を探せば見つけることができたのである。

ユルバン＝ジャン＝ジョセフ・ルヴェリエが可能性を秘めていることは誰も疑わなかった。彼は中等学校時代は花形学生で、全仏数学競技会で二位、エコール・ポリテクニク時代にはクラスで八位という成績を残していた。しかし、その後のキャリアは予想外だった。たばこ関連の産業化学を学び、事実上そのままケードルセでフランスの重要なたばこ産業の問題解決に当たることになった。

ルヴェリエがたばこ配合の仕事を楽しんでいたのか、それとも仕方なくやっていただけなのかは不明だ。その後の経歴からは彼が生まれながらの化学者だったという気配はまったく感じられない。それでもルヴェリエは一途な人間だった。仕事を与えられれば、それに取り組んだ。抽象数学の訓練をかつて受けていようと構わなかった。必要とあらば隣の男と同じように実務的になれる人間だったから、リンの燃焼について研究するようになった。有益な研究だった――たばこの専売公社はマッチのことを気にするからだ。だがルヴェリエが仕事を楽しんでいたにせよそうでなかったにせよ、抜け出せるとなったら即座に抜け出したのは言うまでもない。古巣のエコール・ポリテクニクが一八三六年、化学の教授助手(レペティテュール)を募集。ルヴェリエは応募し、それまでほとんど挫折を味わったことのなかった天才は十中八九採用されると思っていたのだが……結局、採用されたのは別の人間だった。

後で分かるのだが、実はルヴェリエは自分が受けた侮辱を脳裏に焼きつけ、敵の名を心に刻み、執念深く恨みを抱き続けるタイプの男だった。しかし、金だけが自分の真の価値の尺度だとは決して考えなかった。その後、今度は天文学の助手のポストに空席ができた。ルヴェリエは再び応募した。たばこ工場での七年間など気にしなかった――自分の数学の知識はフランスの定量的科学の最高レベルで求められる水準に達していると確信していたようだ。父への手紙に次のようにしたためている。「自分の知識を広げるチャンスを受け入れるだけでなく自ら探し出さなければなりません。(中略)すでに数多のレベルアップをしてきたのですから、さらに上を目指してもいいではありませんか」かくしてルヴェリエはかのフランス天文学の巨人、ピエール=シモン・ラプラスが残した偉業をめぐる軌道に足を踏み入れたのである。

ラプラスは一八二七年、大きな問題の核心を解明したと堅く信じて世を去った。そう考えるのはかなりの線まで正しかった。ラプラスは太陽系のすべての運動を理解可能なものにできること、数学的モデルで表現されたニュートンの重力理論、すなわち惑星の「理論」で説明できることを証明した。それらのモデルを適切に応用すれば、物理システムの動きを明快に、正確に、果てしない未来まで説明することが可能だった。その後、新たな手法を模索したり、さらなる観測結果を検討したり、太陽系内で新発見(「小惑星」や彗星など)をする必要はあるかもしれないが、基本的な捉え方は正しいと思われた。

しかし実際の変則性は『天体力学』の構造の認識を上回っていた。惑星の理論の一部はラプラスが考えていたほど安定していないことが分かってきて、なかには水星のケースのように明らかに不適切で、星の振る舞いをなんとか許容できる精度で予測することすら不可能なものもあった。そうした問題(あるいは可能性)があっても、ラプラスのプログラム全体に立ち返る研究者はまだいなかった。フランスでもほかの場所でも惑星力学の個別の問題に取り組む研究者は何人かいたが、どれか一つの惑星の理論から太陽系の理論へ、上から下へ、太陽系全体を解明しようとする者は皆無だった。

そこへルヴェリエが登場する。ルヴェリエの同僚の一人は後に「ラプラスの後継者になろうとする者はいなかった。そこへ果敢にも彼が名乗りを上げた」と語っている。ポリテクニクでの最初の二年間、ルヴェリエは太陽系の力学という分野全体を調べ、それほど重要ではないように思える重力の相互作用が実際には先達たちが考えていた以上に重要かもしれないと考え始めていた——時が経てば顕著な影響が生じるはずだ、と。その機会に乗じて、ルヴェリエは彼自身にとって初めての大プロジェクトとして、四つの内惑星——水星、木星、地球、火星——の動きをより厳密に再計算することにした。再計算に要した期間はわずか二年、数理天文学はゼロからのスタートだったことを思えば、驚異的な速さだ。

一八三九年、ルヴェリエは再計算の結果をパリ科学アカデミーに提出した。ルヴェリエが達した結論は驚くべきものだった——従来の計算が試みた条件以外に、一つだけ新たな条件を考慮に入れれば、内惑星の軌道が非常に長期間安定しているかどうかは明言できなくなる、というものだ。水星、金星、火星——それに地球——が永遠に現在の軌道上にとどまっているかどうか、ルヴェリエにもほかの誰にも確信は持てなくなった。

決定的だったのはルヴェリエが名高い天体力学の巨匠と進んで格闘する姿勢をすでに示していたことだ。ラプラスは木星と土星の研究から太陽系の安定性は証明されたと結論していた。その結論に、その分野に足を踏み入れてわずか二年の若造が異論を唱えたのである。

出だしとしては悪くなかった——自らを助手より上のポジションに引き上げてくれそうな人々の注意を引くには十分だった。だが同時に、ルヴェリエが自覚していたように、計算はまだ初歩的な段階で、以前のやり直しにすぎなかった。それでも、それを機にルヴェリエは天体力学に夢中になり、生涯を懸けて天体の運動の仕組みを解き明かすことになる――そして次なる大きな課題としたのは、彼に先立つ研究者が誰一人として解くことのかなわなかった問題、つまり水星だった。

惑星を家族に例えるなら、水星はさしずめ、逃げ足の速いいたずらっ子だろう。何かやっているのかもしれないが、現場を押さえようとしてもうまくすり抜けるので、確証はなかなかつかめなかった。しかし、状況は変わり始めていた。問題の機が熟したことを嗅ぎつけるルヴェリエの能力が露わになったのだ。それまでの十年間で、道具と技術の進歩によって水星の動きをかつてないほど正確に追うことが可能になった。その理由はルヴェリエがアカデミーへの報告で的確に指摘したとおり、「近年、一八三六年から一八四二年にかけて、パリ天文台で二百件の有益な観測が実施されてきた」からだった。これらをはじめとする記録を基に、ルヴェリエは金星と水星という二つの惑星が位置を移動する際に金星が水星の軌道に及ぼす影響について、よりよい構図を構築することができた。そのおかげで、水星の質量についても新たに試算をし、現代の数字と数パーセントも違わない答えをはじき出した。

これらは満足のいく結果だった――太陽系の一角の、より捉えがたい詳細を一部埋めるものだった。しかしルヴェリエが本当に望んでいたのは水星の完全な記述、すなわち水星の軌道を左右する重力の綱引きの全容を包括する体系的な方程式であり、惑星の過去と未来の位置を特定するのに使えるものだった。観測結果はそのようなモデルを限定している——あるモデルの方程式に対する解は必ず、観測結果を少なくとも再現しなければならないのだ。データが増えるほど制限も増え、その結果、水星の次の移動先をめぐる予測も精度を増すだろう。そうした予測、つまり惑星の「運行表」が、惑星に関する理論の試金石となる。

ルヴェリエが最初に割り出した水星の運動理論の最終チェックのチャンスは、一八四五年にめぐってきた。次に予告されていた水星の太陽面通過が最もよく見えるのはアメリカだった。太陽表面通過は天体の運動の理論を検証するには理想的な現実確認だ。十九世紀半ばのクロノメーターでも水星の円形が太陽の端を通過する時刻を知らせる程度の精度はあった。一八四五年五月八日、オハイオ州シンシナティの天文学者たちは、水星の太陽面通過が始まると、ルヴェリエが予測した瞬間を時計が告げるのを見守った。太陽に向けた望遠鏡を通して天文学者は、「明るい円形の太

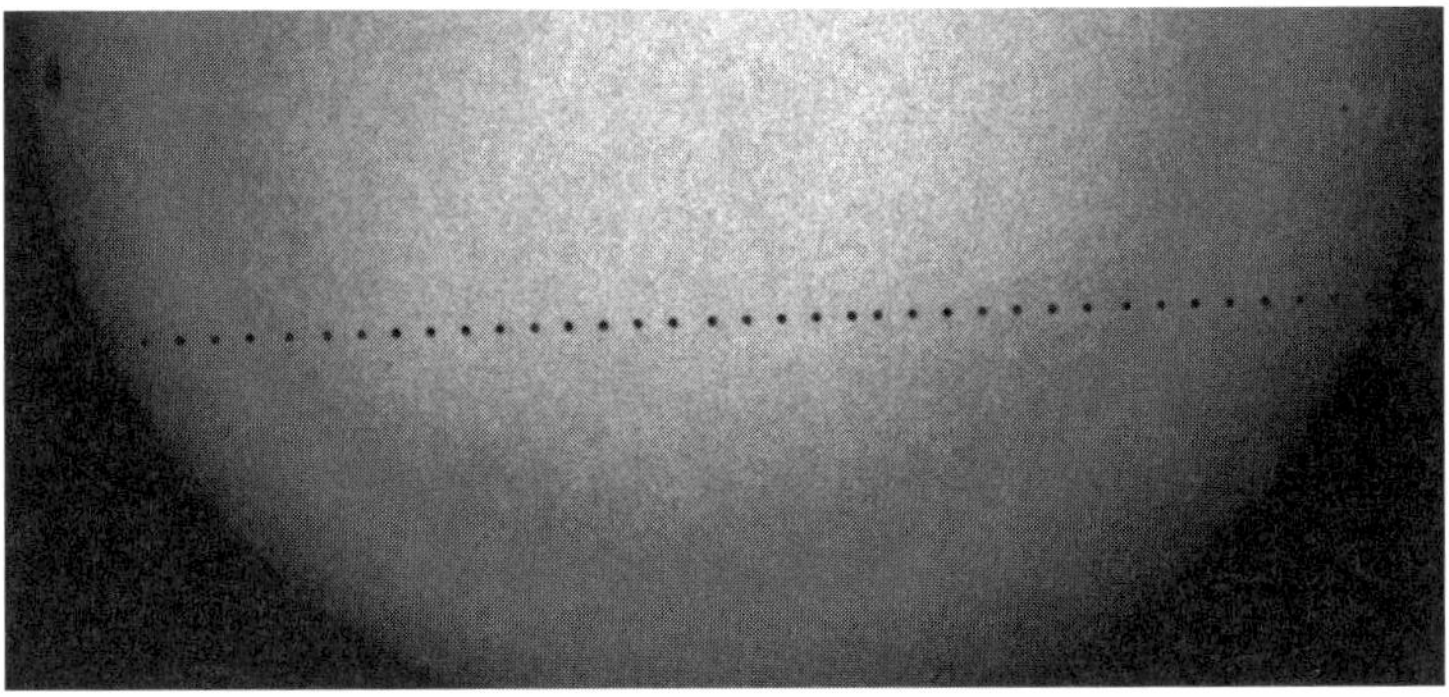

太陽表面を通過する水星（2006年）

陽の表面を通過する水星の黒い影が黒い点線を描き出していく」のを見守った。彼は「今だ！」と叫び、時計を確認した。ルヴェリエの予測と比べて、水星の移動速度は十六秒遅かった。
これは印象深い結果だった――エドモンド・ハレーその人までさかのぼって、それまでに世に出た水星の軌道に関するどの運行表よりもはるかに素晴らしかった。だが、それでもまだ不十分だった。その十六秒の誤差は小さいように思えても、現実の水星と自らの抽象的、理論的な水星の間にずれが生じるような何かを、ルヴェリエが見過ごしていることを意味していた。ルヴェリエは水星の太陽面通過を追った計算を発表するつもりでいた。だが実際は、原稿を引っ込め、その問題をしばらく棚上げにした。結局、水星は当分寝かさざるを得なかった。というのも、ルヴェリエはほとんど間を置かずに、解決したとされていた「世界の仕組み」の中で急速に最大の障害となりつつあったものと対峙するために駆り出されたのである。

当時、天王星は数十年来のトラブルメーカーだった。ハーシェルが「新」惑星を偶然発見したのを受けて、天文学者たちはすぐに気づいた。その惑星を目にした人々は以前にもいたものの、皆、それが恒星だと考えていたのだ。一六九〇年、初代王室天文官でニュートンと手を組むこともあれば敵対することもあったジョン・フラムスティードは、その星を自分の星図の一つに牡牛座三十四番星として記載した。記録にはほかにもチャンスを逸した観測が数多く現れるが、一八二一年にラプラスの経度局での教え子の一人、アレクシス・ブヴァールが、こうした過去の目撃談とハーシェルの知らせを受けて行われた系統立った探索の結果とを組み合わせて、天王星の新たな運行表をつくり出した。その表で、天王星も親戚筋の惑星を支配しているのと同じニュートンの法則に従っていることを確認するはずだった。

ところがブヴァールの思惑は外れた。ハーシェルによる発見以降に観測者らが記録した位置を計算して天王星の理論を構築しようとしたが、どうしてもうまくいかなかった。一七八一年以降の観測をいくら試しても、それまで星と誤認されていたものが再発見された位置とは一致しなかった。それどころか、ハーシェル以後の記録だけに絞ると、その惑星が通るべきコースから外れている――というより現実と計算とがずれている――ことがたちまち明らかになった。

理論的には、そうした身勝手な振る舞いは非常に根深い問題を指摘しているのかもしれなかった――天王星に重力が及ぼす影響がすべて説明されているのに、天王星の動きを予測できないとしたら、そうした分析の背後にある理論をもう一度吟味しなければならないということだろう。つまり、ニュートンの法則の土台そのものを脅かしかねなかった。研究者の一人、ドイツの天文学者フリードリッヒ・ヴィルヘルム・ベッセルはまさにその点を示唆している。ひょっとしたら、あくまでも推測だが、ニュートンの重力定数そのものが距離によって違ってくるのかもしれない、と。

　可能性はなきにしもあらずだったが、それが現実になり得るというのはぞっとするような話だった。ニュートンその人がかき立てる崇敬の念ももちろんだが、それ以上に、ニュートン力学は実際に機能していた。潮の満ち引きはその法則に従い、彗星はその論理に従い、砲弾は『プリンキピア』の見事な論理の記述と説明のとおりのコースを飛んだ。この異常に見える天王星の振る舞いもニュートン主義の枠組みの中で捉えて説明することができたなら、はるかによかっただろう。

　どうやら個人としては、そうする手立てを考案したのはアレクシス・ブヴァールが最初だったようだ。一八四五年、ブヴァールの甥のウジェーヌ・ブヴァールは独自にアカデミーに報告、天王星の軌道を数学的秩序に合わせようとしたがうまくいかなかった。彼もおじに従い、当時の（ハーシェル以後の）観測結果をそれ以前の観測結果で説明しようとした。しかし説明できず、失敗を自ら認めた。それでも教養ある人々に対して、解決策はある、自分のおじが二十年前に垣間見ている、と語った。アレクシス・ブヴァールの解決策はラプラスが木星と土星の謎を解決するために用いたものではなかった。ラプラスのやり方では、数学的なテクニックを向上させて彼方の世界を説明しようとした。一方、おじのほうのブヴァールは、すでに知られている太陽系の振る舞いでは最後に残った誤差を説明できないなら——かつ、何より、ニュートンが正しいと信じ続けるなら――残る可能性はただ一つ、まだ知られていない何かが原因だ、と考えた。ウジェーヌは報告書で、天王星がまだ発見されていなかったとしても、土星を注視すれば、より遠い、未知の天体の影響が明らかになっただろう、と念を押した。それとまったく同じで、「おじが示唆した、別の惑星が天王星を惑わせている可能性は十分考えられる」ように思えると、ウジェーヌは記している。

そう結論したのはウジェーヌとおじだけではなかった。一八三〇年代前半には、複数の研究者が、太陽との距離が天王星よりもさらに離れている天体が存在するのではないかと考え始めていた。おじのブヴァールは自分の考えを手紙や訪問客とのやりとりで明かしており、その一人が英仏海峡を越えてそれをイギリスに伝えた。けれどもある問題のせいで、こうした広がりにもかかわらず、あまり大したことはできなかった。天王星の移動のペースはあまりに遅すぎたのだ。太陽のまわりを一周するのが（地球の時間で）八十八年という長い周期のため、ハーシェル以降の系統立った観測で追跡できたのは太陽の周囲半周分にすぎなかった。ジョージ・ビドル・エアリー王室天文官は天王星以上に太陽から遠く離れた惑星が存在する可能性を認めたが、ある人物からの問い合わせに対し、謎が解明されるのは「続けて何周かして不規則性の本質が十分確認されてから」――つまり、関心のある人間が死に絶えるほど長い時間がかかるだろうと相手の期待をしぼませるような返事を書いている。

ルヴェリエの考えは違っていた。というよりも、彼が師と仰いだこともあるパリ天文台長フランソワ・アラゴが、ハーシェルの惑星は天文学者をあまりに長い間当惑させていると考えた。ルヴェリエの回想によれば、一八四五年の晩夏アラゴは年下のルヴェリエを彗星とのしばしの戯れから引き離し、天王星の理論の中で増加している誤りについて「どの天文学者にも、持てる力の最大限まで貢献する義務を課している」と告げた。ルヴェリエはまず、おじのほうのブヴァールの計算にいくつかの誤りを特定することから始めた。そうした誤りを直しても天王星の説明できない軌道のぶれをなくすことはできなかったので、天王星の表を計算し直してそうしたぶれをできる限り正確に特定した。そうして知的な地ならしを済ませると、ルヴェリエは天王星を惑わせている可能性のある未知の犯人を探すべく刑事に変身した。

警察の手順にならって、ルヴェリエはできる限り多くの容疑者を調べては抹消していった。天文学史の研究者モートン・グロッサーは、ルヴェリエが容疑者かもしれないと考えたものを一つ一つ記録した。ひょっとしたら天王星が軌道を外れるのには何か天王星の運動を左右する抵抗物質（エーテル）が影響しているのかもしれなかった。巨大な月が天王星のまわりを周回していて、その重力が天王星をコースから外れさせているのだろうか。さ迷う天体、たとえば彗星か何かが天王星に衝突し、定められたコースから文字どおり打ち払ったのか。

ルヴェリエは、ニュートンの引力の法則は修正を必要とするという厄介な可能性まで検討した。最後に――何か未知の物体、別の惑星が存在し、その重力をもってすれば、理論が予測する天王星の軌道と実際に観測された軌道とのずれを説明できるのだろうか。

ルヴェリエはすぐに最初の三つの可能性を否定した。四つめについては、彼も天文学の専門家の例に漏れず、ニュートンの引力を修正・否定することは万策尽きた果ての最後の手段だと考えていた。ということはつまり、この問題について数か月考えた末に、再び五つめの最重要容疑者に行きついたということだった。その容疑者とは、天王星より遠くにある未知の惑星だ。

となれば、ルヴェリエがやるべきことははっきりしていた。天王星の運動における異常について、重力作用を及ぼしている既知の原因をすべて説明したら、今度は、残りの部分を説明し得る物体はどのような性質（質量、距離、軌道の詳細）を持つのかを特定しなければならない。それは結局、天体力学につきものの問題、すなわち、仮説上の惑星の運動の各要素を説明する数式を確立し、それを解くことだ。それでも、仮説の域を出ていない惑星について断言できることがいかに少ないかを思えば、それは非常に厄介な仕事だった。

ルヴェリエはまず未知の惑星を想定して十三のパラメーターで計算したが、数が多すぎて彼の才能をもってしても、解決するにはあまりにも時間がかかった。そこでルヴェリエは仮説を単純化した。惑星の軌道パラメーターの少なくとも一部に合致するスイートスポットがあるはずだ、と主張した。後日ルヴェリエが記したところによれば、それは天王星に近すぎないはずで、近すぎれば影響はあまりにも明白だっただろう。逆に遠すぎれば、その惑星の質量は大きいはずなので天王星のみならず土星にも影響を及ぼし、検知されないはずがなかった。ルヴェリエは単純に、未知の惑星の軌道はほかの惑星の平面に対して鋭角すぎないだろうと推測した。同様の推論をほかにもいくつか立てて天王星の観測結果との隔たりの一部を埋め、残るパラメーターは九つとなった——つまり、計算は不可能なレベルから、ひどく難しいが不可能ではないレベルになったのだ。

そのモデル内で唯一の解——未知の惑星の質量と位置を予測できるような解——をはじき出すことは、ほとんど滑稽といっていいほど面倒な作業だった。幸い聡明なルヴェリエは、モデルの本質的に複雑な非線形方程式の一部を、線形の表現の大きな集合に変える方法を考案するなどした。*おかげで計算がより簡単に——実を言えば可能に——なったが、新しい手法でははるかに多くの手順を踏まねばならず、すさまじい量の厄介な単純作業をこなさなければならなかった。

それでも一八四六年五月末には、ルヴェリエはアカデミーに報告できるところまでこぎつけていた。「新たな惑星の動き」を想定すれば、天王星の軌道を正確に説明できる——そし

＊脚注＝線形の数式とは、ある変数を変えると、それに比例して計算結果に直接変化が生じ、グラフ化した場合に直線になる数式をいう。非線形方程式の場合は、結果をグラフにすると曲線になる。得てして非線形方程式のシステムのほうが線形方程式のシステムに比べて、解くのがはるかに難しい。

て「この問題を説明できる解はただ一つ……ある時刻に問題の惑星が取り得る位置として想定可能な領域は二つとない」と示すことは可能だという内容だった。かなり大仰な言い方ではあるが、要は答えに近づいているという意味だ。近づいているとはいっても、まだたどり着いたわけではなかった。この時点では、ルヴェリエは天王星より遠くにあると仮定した惑星が天空の約一〇度の領域に位置するはずだと提案するのがせいぜいだった。

かなり緩い指針だが、それでも相当に不確実で、関心のある者でも調べてみる気にはなれなかった。そこでルヴェリエは再び骨の折れる数理分析に立ち返って計算をやり直し、一八四六年八月三十一日、最新情報を報告した。優秀な望遠鏡で観測する時間のある者は、天王星の軌道から距離にして約三十六au†（天文単位）、山羊座δ（デルタ）星――山羊座で最も明るい恒星――の東およそ五度に位置する惑星を探せ、と。その惑星の質量は地球の約三十六倍、望遠鏡の助けを借りれば（恒星のような）点ではなく、明らかにそれと分かる、直径三・三秒角の円として姿を現すだろう、とルヴェリエは断言した。

フランス天文学界切ってのエリートたちが未知の惑星が発見されるのを待っていると知らされた結果、いったい何が起きただろうか。

何も起きなかった。

天王星の姿なき連れの追求は、後から振り返れば不可解に逃したチャンスだらけだが、こ

†脚注＝天文単位とは大まかに（かつ歴史的に）地球と太陽の平均距離をいう（現在は太陽系内の天体間の距離を表す単位として、1億4959万7870.7キロメートル、約9300万マイルと厳密に決められている）。

のときはとりわけ腑に落ちない感がある。ルヴェリエが天王星の謎に挑んでいたのは、パリ天文台長じきじきの要請（ほとんど命令に近い）によるものであり、当時は帝国の拡大から知識の追求まで、およそ考えられる限りの方面で愛国主義の競争が行われている時代だった。ルヴェリエは仲間内では、天体力学を分析させたらフランス随一で、（偶然天王星を発見したハーシェルの前例を上回る）生涯の大発見のチャンスを提供している人物と認められていた。にもかかわらず、フランスの天文学者は誰一人、夜の闇の、出世を約束する勝利をわがものにできると告げられたばかりの一角に、わざわざ望遠鏡を向けようとはしなかった。確かにパリ天文台のメインの望遠鏡は月並みで、天文台にはレンズの向こうに現れたものが既知の遠い星なのかどうか確かめるのに必要な最新の星図もなかった。それでも、ルヴェリエの結論に最初に飛びつくチャンスがあった天文学者たちが誰一人やってみようと考えなかったのは、やはり妙だ。観測ドームの下で一晩か二晩過ごしさえすれば、まったく新しい世界が手に入ったかもしれないというのに。だが、やってみようという者はいなかった。

九月十八日、ルヴェリエはついにフランスの天文学者たちを見限った。代わりに、ヨハン・ゴットフリート・ガレという名のドイツの若き天文学者に手紙を書いた。ガレはその前年に、自分より目上であるルヴェリエの注意を引こうとして失敗していたが、今度はルヴェリエのほうが彼を必要としていた。相手の自尊心をくすぐるように、ルヴェリエは助力を乞う手紙にガレの研究に対する遅ればせの賞賛を添えた。「未知の惑星を発見できるかもしれないあたりを調べることに多少の時間を割くことを厭わない、忍耐強い観測者を探しています」手紙は五日後にガレのもとに届いた。以前無視された恨みをぐっとのみこんで、ガレはその晩から仕事に取り掛かった。

一八四六年九月二十三日、ベルリン。

その夜は静かで、非常に暗かった。プロイセンの首都にガス灯がついたのは一八二五年だが、まだ数は少なく、ほとんどが午前零時には消えた。灯が消えた後のベルリンは夜空を愛する人々のものだった――その中にハレ門付近の王立天文台の観測者たちもいた。

この日は土曜日で、ガレとボランティアの助手ハインリヒ・ルートヴィヒ・ダレストがメインの望遠鏡を動かす。ガレが接眼レンズ側に立ち、望遠鏡を山羊座方向に向ける。星が一つ一つ視界に入るたび、その明るさと位置を大声で伝える。ダレストは星図に目を凝らし、よく知られている

ベルリンの「新」王立天文台（1835年以降に描かれたもの）

天体だと分かるたびに印をつけていく。そうしているうち、午前零時から午前一時までのどこかで、ガレが肉眼では見えない小さな光をもう一つ見つけ、その位置を特定する。赤経二一時五三分、二五・八四秒。

ダレストが星図に目を遣り、息をのむ。「そんな星は星図にありません！」

ダレストは天文台長を呼びに走る。天文台長はその日、観測などしても時間の無駄だと思っている様子だったが、それでも渋々ながらガレたちに許可を与えていた。三人は揃って新しい天体の観測を午前二時半頃まで続ける。最も強力なメイン望遠鏡でも、本物の恒星は単なる点にしか見えない。ところが、この天体は紛れもない円形で、視直径は三・二秒角――ルヴェリエから言われていたのと寸分違わない。その目に見える円が意味し得るものはただ一つ、ガレはたった今、それまで発見されていなかった惑星、やがて海王星と呼ばれることになる惑星を、ユルバン゠ジャン゠ジョセフ・ルヴェリエから探せと言われたとおりの位置に、誰よりも早く発見したのだ。

ガレによる発見は、ニュートン力学の大衆的勝利とたちまち受け取られる出来事の最たるものだった。状況を考えれば、海王星の発見が相応の物議をかもしたのは当然だ。イギリスの天文学者ジョン・クーチ・アダムズもルヴェリエと同じ推論に従い、同じように大変な計算をこなし、ほぼ同時期に非常によく似た予測に達した。しかしアダムズは新たな惑星を厳密に探すようケンブリッジ大学やグリニッジ王立天文台の天文学者を説得することができなかった。それでも愛国主義的な先着順位争いが勃発、イギリス人科学者はアダムズもルヴェリエと共に発見者として並び称されるべきだと強く主張した。そうした見解は少なくとも英語圏では一世紀余り尾を引いたが、現在の歴史的分析はルヴェリエに軍配を上げる。発見者だと主張するには予測し、かつ、その予測に基づいて実際に観測することが必要で、その基準からすれば最初の発見者はルヴェリエだった。

それでも、イギリスの天文学界にとって海王星の最初の発見者は誰であるかが非常に重要だというのは分かり切ったことだった。海王星の発見――その原動力となったのは基本法則の数学的解明であり、捜索開始から数時間で発見に至るほど正確だった――はたちまち、個人の才能の衝撃的な誇示であると同時に、世界を知るための手法全体の勝利と受け止められた。実際、ルヴェリエ(およびアダムズ)はいくつか恣意的な選択をして問題の一部を単純化していた。特に問題の惑星までの距離の推定がそうだ。そうした推定値は誤差がだいぶあり、理論計算に先見の明があったとする主張を損なうと思えただろう。だがそうしたミスでさえ、実際にはルヴェリエの推理の威力について伝えるものがある。ルヴェリエは海王星の位置を決定する上で距離の重要性を減じるように問題提起する方法も考案したのだ。[*] 新惑星の発見は幸運によるものではなかった（まったく無関係とは言わないが）。ニュートン派の才能あふれる科学者が自らの仮説の多くの誤りを許容する計算式を確立するのに使ったスキルのおかげだった。いかなる出来事においても、一般市民にとっても天文学界にとっても、そうした誤差は輝ける素晴らしい真実の光輝の中に消えていくのみだった。ルヴェリエが探しにいけ――そこだ！――そうすれば見つかる……と告げ、探す者が現れ……そして誰もが目にしたのだ。

こうした経緯によって海王星は（ハーシェルが偶然天王星を発見したような）単なる見せ物ではなく、それ以上の、科学全体の祝典と化した。ルヴェリエは厄介な事実にぶつかり、その事実をかの理論に、すなわちニュートンの世界の仕組みに当てはめ、あえて予測を立てて正しいことを証明した。科学がどのように進歩するかの見本そのものではないか。

当のルヴェリエにとって海王星は黄金の切符、天文学界の頂点に登り詰める手段だった。発見からまもなく、ルヴェリエは世界で最も有名な物理学者となり、パリの出世の階段を実に驚異的な早さで駆け上がった。しかし彼の勝利の物語がもたらしたものはそれだけにとどまらなかった。ルヴェリエの信仰、自身（を含めた人間）が純然たる知性の力によって自然界に秩序をもたらすことができるという信念の正しさが立証されたのである。

＊脚注＝ルヴェリエは天王星の軌道が、天王星とその未発見の連れが1846年にかなり接近したことを示唆する事実をうまく利用することができた。つまり、ルヴェリエが推定した距離に誤差があれば、海王星の見かけの位置は、2つの惑星間の距離が予測より大きい場合より、はるかに近くなる。

海王星の発見によって問題が一つ片付いた。プロの天文学者も、物理学者も、もう重力について疑ってはいなかった。ニュートンが説明したとおり、普遍的な力が宇宙のいたるところで働いており、システム内の質量と、二つの物体間の距離の二乗に反比例する（最も単純な場合）。一世紀半の間、その法則を星のこれまで以上に複雑な配置に当てはめた結果は例外なく理論に一致していた。それどころか、海王星の発見に伴って、観測者と理論家が観測装置やアイディアに磨きをかけ、さらに多くの発見が見込まれるようになった。

そうした完璧な成功は別件でもニュートンに対する疑念を晴らした。重力とは何か知っているとニュートンが公言したことは一度もない。ある物体が別の物体を引っ張る理由を説明する具体的な概念を提案することを拒んだ。そんな話は彼にしてみれば不要だった。実際、ニュートン自身が『プリンキピア』第三版への批評に対して、こんな名言を返している。「私は仮説をつくらない」——全文は「私はこれらの重力の性質の原因を現象から推論するには至っておらず、私は仮説をつくらない」。

ご覧のとおり、科学史上有数の開き直りだ。

当時としては物議をかもす愚弄だった――堂々たる無関心を装ってはいたが、実のところ、挑発的だった。歴史家と哲学者は依然としてニュートンが厳密には何を言わんとしているのかを議論していた。しかし少なくとも、ニュートンの考える自然哲学のあるべきやり方と、反ニュートン派が自然をどのように説明すべきと考えたかとが歴然と違っていたのは明らかだ。

背景を説明しよう。ニュートン以前の自然哲学の要件でとくに一貫したものは、原因を明快に特定する必要性、つまり現象が「なぜ」「どのように」生じるかという問いに答える必要性だ。古来、こうした要件はアリストテレスが惑星の運動の仕組みについて行ったような説明につながった――惑星は回転する球に乗っていて、それらの球自体が、おおもとである原動力からのひと押しのおかげで永遠に動き続けるというものだ。中世になると、神がアリストテレスの姿なき創造者に取って代わるが、運動と動かす力が直接つながっているという概念は健在だ。たとえば、十四世紀の写本『愛の聖務日課』に描かれた素晴らしい絵では、二人の天使が優雅に緑色のローブをまとい、動かない星々の球の外に腰掛けて、藍色のクランクを回転させている。そうした神聖な使いは、芸術家のマイケル・ベンソンに言わせれば、「永遠に変わることのない超自然的な存在が一時的ではかない時計仕掛けのねじを巻いている」イメージになった。

　そうした神のエンジニアたちは、ニュートンの時代にはより純粋に無生物の動力伝達装置に取って代わられていたが、原因と結果を直接説明する必要性は変わらなかった。したがってルネ・デカルトは近代宇宙論の創設に乗り出したとき、宇宙は謎の液体に満たされていて、その液体の渦が、惑星に必要な刺激を与えて天体を動かす可能性を示唆した。この渦動説は本質的な問題と見なされていたものを解決した。宇宙を動かすと思われる仕組みが考え出されたからだ。

　そんな機械論的な説明にとっては不幸なことに、ニュートンは『プリンキピア』で、渦動説が具体的に間違っており（デカルトが渦を説明するために考案した計算式では惑星の正確な位置を予測できなかった）、それ以上に不要であることを示した。一握りの公理――重力は、場所に関係なく、

マトフレ・エルメンガウによる14世紀の写本『愛の聖務日課』に描かれた宇宙秩序では、月から先は何もかもが純粋かつ完璧で、天上の仕掛けが地上の絶え間ない回転の原動力になっている

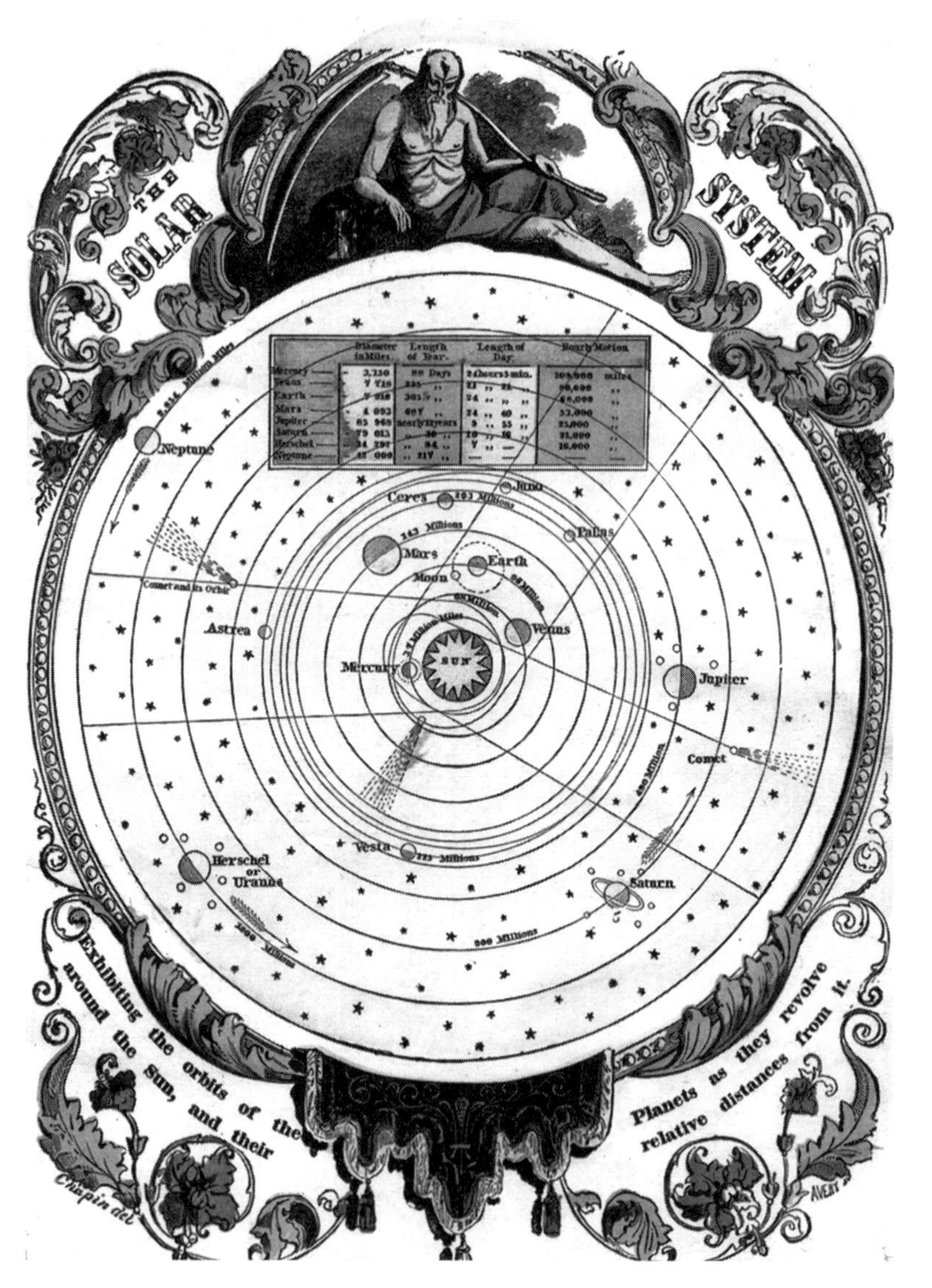

太陽系を描いたこの19世紀の宇宙図はニュートンとその後継者たちがいかに厳密に宇宙を秩序付けたかを浮き彫りにする

逆二乗の法則に則って作用し、重力が物体に与える力はその物体を、三つの単純な運動の法則に従って動かす――を認めれば、それでいい。* 地上で落下する果実や、夜空を移動する月や彗星や惑星の軌跡を説明するには、ほかには何も必要ない。この重力は実体がなく、抽象的で、ニュートンが力と呼んだものだが、ニュートンは力とは何かをきちんと定義したためしはなく、その力が触れたものにいかにして刺激を与えるのかを述べることもなかった。ここにはレバーもギアも原動力も動力もない。代わりに、遠隔で働き、物体から物体へと飛躍し、実体がなく、即効性があるものだ。

このことは、ひとかどの自然哲学者・数学者たちであったニュートン批判派を甚だしく憤慨させた。彼らにとって、ニュートンはデカルト派（とアリストテレス派の）物理学の直接的で「ローカル」な説明、すなわち、何らかの結果が生じた時点で原因と直接結び付けるやり方を捨てた。ニュートンが自然の仕組みを説明する要求を否定したために、物理学的説明の本質そのものが骨抜きになった（ように思えた）。ゴットフリート・ライプニッツは、ニュートンに次ぐ知性を備えていたが、その仕組みの説明を欠く以上、ニュートンの理論は冒瀆に等しいと公然と苦言を呈した。「仕組み抜きでは……［重力は］不合理でオカルト的な性質であり、極めてオカルト的なので天使によって行われることは不可能で、仮に天使の仕業だとしたら神自らが説明を引き受けなければならない」。ライプニッツにとっても当時の

＊脚注＝これらの法則は、物理学者のリチャード・ファインマンがニュートンの『プリンキピア』における問題の解決について言わんとした意味では単純だ。「『初歩的』とは容易に理解できるという意味ではない。『初歩的』というのは、予備知識はごくわずかでいいが、限りない知性は必要という意味だ」

多くの人々にとっても、重力はとにかく自然に働くという主張は受け入れがたい降伏だった。ニュートンの見解は彼らの目には、明らかに思えるものを受け入れることをどういうわけか渋っているように映った。惑星が太陽のまわりを周回するときの軌道が太陽との綱引きを示唆する場合、何が「本当に」太陽と惑星を結び付けているかを突き止めるのが自然哲学者の仕事であるはずだ。

しかしその必然が幻想だったとしたら。ニュートンが自分の知らないことを断言するのを拒んだのは、機械論を単純に拒否したというよりもっと微妙だ。むしろ、ニュートンの知的な謙遜に見えるものに隠された、より深い真実は、数学と物理学の間には決定的な隔たりがあるという認識から生じる。ニュートン理論は数学的形式すなわち方程式の形で存在する。そこでは重力は単に量、定量的に算出できる力の単位の数値だ。力が作用する質量であり、その質量にかかる加速度だ。具体的な物理的関連性を引っ張り出すには及ばない。そうした関連性、物体の運動に関する主張を検証するには、観測し、測定し、計算結果を目に見えるものと照合することだ。

かくしてニュートンの数学は物理学となった。すなわち、力のような抽象的関係は質量に加速度を掛けたものに等しい。

$$F = ma$$

あるいは二つの物体間に働く重力の力については、

$$F = \frac{G^{*} m_1 m_2}{d^2}$$

——こうした式を使えば、次の火曜日に火星がどの位置にあるか、誰でも割り出すことができる。

「私は仮説をつくらない」には多くの意味があるかもしれないが、最低限、次のような意味になる。物理法則の数学的形式はそれ自体が仮説、物質世界に関する命題であり、測定と観測による判定を待つことになる。その試練をうまく乗り切れば、つくりものでない仮説は現実に織り込まれる。ニュートンが明言したように、「真実でしかあり得ない」説明となる。

振り返ってみれば、海王星が計算で予測されたとおりの位置で発見されたことで、ニュートンの法則は史上最も成功を収めた科学的概念だという確証がまた一つ増えただけに思えるかもしれない。だが話はそれだけでは終わらない。ニュートンが生涯に直面した反論は彼の意見、かの堂々たる「私は仮説をつくらない！」ですんなり消えはしなかった。ニュートンの革命の核心は、純粋に数学的な議論で物質世界の出来事、天上の観測されていない領域と地球上での私たちの平凡な経験とを、すべて十分に説明できるという主張にある。子供の手から落ちるボールや砂の城を崩し去る波から、まず紙の上に現れ、続いてガレが覗いた望遠鏡のレンズの向こうに現れた海王星まで、すべてを支配している同じ法則にある。しかし方程式が実際に現実を表しているという確信が勝利を収めるまでには時間がかかった。

　それは当のニュートンにとってさえ同じだった。彼自身は真のニュートン派ではなく——そうなることができず——数学的説明で十分だと信じ切ってはいなかった。誰もがそうであるように、ニュートン自身も自らが生きる時代と場所に縛られており、彼の中には自分をつくった過去が、つくる手助けをした未来と同じくらい（あるいはそれ以上に）存在していた。ニュートンは隠れた錬金術師で、自然界の変化がどのように生じるかを解明すべく、難しい研究に明け暮れていた。そうした錬金術的精神が、惑星の性質がどのように抽象化し、宇宙空間を伝わって別の天体を運動させ得るかを含めて、彼の重力に関する考えに影響を与えた。ニュートンは太陽系の隅々まで、宇宙全体に、神の手が働いているのを目にした——抽象的な精神ではなく物質世界における究極の行為者だ。ニュートンの後継者たちは彼らの英雄が確信したことのうち、この側面を軽視し、やがてとにかく無視した（ケンブリッジ大学に至っては、ニュートンの錬金術に関する論文を「それ自体には興味深い点は皆無に近い」として寄贈されるのを辞退したほどだ）。代わりに、レオンハルト・オイラーやジョセフ＝ルイ・ラグランジュやラプラスのような人々、そして最後にはルヴェリエが、ニュートンの名で、機械論ではなく数学が宇宙の足場となる世界観を築き上げた。神不在の数学が――ラプラスの「私にはその仮説は必要ない」という言葉が、ニュートンの「私は仮説をつくらない」と共鳴すると同時に、それを圧倒するほどに。

こうしたニュートン派はニュートンの考えをますます複雑な問題にまで広げていった。ニュートンの考えを太陽系のいたるところで繰り返し検証し、しまいには海王星によって疑いが完全に晴れた。ルヴェリエの計算は進歩のみならず勝利のきっかけでもあった――ニュートンが確立し、以来発展を遂げてきた自然へのアプローチは、単に賢明な道具にとどまらなかった。むしろ、宇宙が実際にどのような仕組みになっているかについて決定的な説明をするものだった。

だからこそニュートンは当時の偉大な思索家としてのみならず、史上最も偉大な科学者として記憶されている。彼が抱えていた秘密や、抱いていた個人的な考え――（傍目には）常軌を逸した、彼の自然哲学を満たした魔術に近い思い込み――にもかかわらず、「私は仮説をつくらない」の遺産は受け継がれている。それは物質的体験を科学的に説明する際の要、すなわち、物質世界を正確に観測・測定し、数という言語で表現・分析することなのである。

PART TWO

NEPTUNE TO VULCAN

（パート2）海王星からヴァルカンまで（一八四六年〜一八七八年）

(1846-1878)

成功は人を丸くする。だが例外もあって、ユルバン＝ジャン＝ジョセフ・ルヴェリエは間違いなくその例外だ。「ペン先一つで」海王星を発見した男は英雄として扱われ、本人もたちまちそれを期待するようになった。ほかの天文学者たちは彼の業績を理解し、世間の人々は方程式から惑星を呼び出すことのできる魔術師にふさわしい敬意をもって彼を迎えた。数学者エリス・ルーミスは一八五〇年、次のように記している。「ルヴェリエの明敏さは神業に近い感があった。人々の称賛は言葉では言い尽くせないほどだった」ルーミス自身はそこまでは心動かされなかったようで、歓呼は「どこか度を越していた」とも書いている。それでも次のように書き添えている。ルヴェリエの業績をもっと冷静に評価するとしても、やはり彼は「当代随一の天文学者という称号」に値するだろう、と。

当のルヴェリエも同じ考えだった。自分はずば抜けて優秀な天文学者だということを、ガレが発見した惑星がほかの観測者によって確認され、天文学者として世に認められるとほぼ真っ先に行動で力説した。当時は新たな惑星を何と呼ぶかが問題になっていた。それに対するルヴェリエの答えははっきりしていた。慣例によれば、ほかの惑星の名前はどれもローマ神話の神々にちなんでいた（天王星は例外でギリシャ神話のウラヌスから来ていたが）。そこでルヴェリエが提案した名はネプチューン、海の神でジュピターの兄だ。神々の系図からすれば混乱を招く名前だった――サターンはジュピターとネプチューンの父で、ウラヌスはそのサターンの父なのだ。それでもルヴェリエの選択は、れっきとした惑星にどう対処すべきかという大枠には合致しており、同じ思いはケレスとパラスというやはり十九世紀に一足先に発見された小惑星のうち最大のものに与えられた名にも込められていた。

ここまでは順調だったのだが、イギリスの人々が異議を唱えた。彼らは自国の天文学者が発見に関与したという主張を支持して、海に囲まれた島国にふさわしく大洋の神の名であるオケアノスにするほうがいいと言いだしたのだ。ルヴェリエは（当然ながら）イギリスからの横槍に苛立っただろうが、そのうち発見者たる自分自身があまりに欲がなさすぎたのかもしれないと気づいたようだ。そこで新惑星の命名をめぐる議論から身を引き、代わりに同僚のパリ天文台長フランソワ・アラゴに新惑星の名付け親になって欲しいと頼んだ。依頼を引き受けたアラゴが出した案は、寛容ならざる人々からあれこれ勘繰られたとしてもおかしくないものだった。ルヴェリエの惑星にふさわしい名前は……ルヴェリエだ！

当のルヴェリエは取って付けたような謙遜ぶりを見せたが、そんなうわべだけの謙遜も、太陽系の第七惑星・天王星を何と呼ぶかについて態度を急変させたせいで台無しになった。

ルヴェリエは天王星のことを天文学者になって以来初めて、その頃にはイギリスの天文学者が（たまに）使うだけの名前で呼ぶようになった――ハーシェルという名だ。十八世紀のイギリスではそうだったのだから、輝かしい十九世紀のフランス（とムッシュ・ルヴェリエ）にも対しても同じ待遇を、というわけだ。画策は（明らかに）失敗した。ハーシェルの息子のジョンが、自分の父親が発見した惑星の名前を変えることを拒んだのも一因だが、それ以上に、天空のルヴェリエが夜な夜な自分たちの頭上で輝いていることに甘んじようなどという天文学者は、パリ以外では一人もおらず、パリでさえそう多くはいなかったせいだ。地上のルヴェリエのほうは結局自分の名前を付けるのをあきらめ、初めから当然の選択と思われた名前にすることで皆の意見は一致した――海王星(ネプチューン)だ。

それでもルヴェリエは相当な見返りを手にした。ハーシェルが先に経験したように、ルヴェリエも王室の目にとまり、フランス王ルイ・フィリップ手ずからレジオンドヌール勲章を授与された。より実務的な面では、これを機にルヴェリエは天文学者として真の影響力を獲得していき、ついにはフランス天文学界に君臨するまでになる。海王星の発見からわずか数か月後、フランス政府はルヴェリエに将来の研究計画を提出するよう求

ユルバン＝ジャン＝ジョセフ・ルヴェリエ像、
19世紀半ばのフランスで描かれた

めた。これに対してルヴェリエが提案したのは、巨匠ラプラスその人をもしのぐ、「惑星系全体を包括する研究」だった。プロジェクトの目的は、ルヴェリエによれば、「可能であれば、あらゆるものを一致させて調和させ、それが不可能であれば、摂動を引き起こしている未知の要因が確実に存在すると宣言することであり、そうすることによってのみ、その未知なるものの起源が明らかになる」という。

ルヴェリエ自身はプロジェクトの規模を現実的に認識していた。彼は役人たちに告げた。いかに大変な作業か考えてもみよ、と。まず、すべての惑星の包括的な観測データを順に収集しなければならない。その上で、問題の惑星それぞれについて、既知のすべての天体の影響を取り込むような方程式のシステムを、一つ一つ、ニュートンの万有引力の法則がすべての相互作用を左右するという、海王星によって証明された確固たる信念に基づいて構築する。次に、観測データをその惑星の数学的モデルに完全に組み込んで、自ら（助手と共に）惑星の運行表――つまり任意の時間における惑星の位置を予測する具体的な数値をはじき出す。こうしてすべての惑星の運動や特徴を紙の上で数値化してようやく、観測されている太陽系の惑星の運動でルヴェリエのモデルで説明できないものがあるかどうかが判明する。何か説明のつかない異常が見つかれば、そこに第二の海王星が隠れていて、発見されるのを今か今かと待っているだろう。

ルヴェリエの試算によれば、以上すべてを完了するには最低でも十年は必要で、それさえも単調な計算を一手に引き受ける助手がいて、かつ、ルヴェリエ自身はその間まったく思いのままに自分の探究を続けられるなら、の話だった。

公共教育省のお歴々からは異議はなかった。あるわけがなかった。海王星を発見した男に対し、低賃金の助手一人と、明らかに適任と言える研究を許可することくらい、お安い御用だった。だが案の定、ルヴェリエはすぐには仕事に取り掛からなかった。しかるべき喝采が彼を待っていたし(一八四七年のイギリス訪問はその一例にすぎなかった)、一八四八年から一八五〇年にかけては、パリは政治的移行に揺れ、最終的にはフランス第二帝政が誕生して、ナポレオンの甥がナポレオン三世として権力を掌握した。ルヴェリエは知の先輩であるかつてのラプラス同様、革命政治に加わり、ラプラス同様、油断のならない政治的混乱を無傷で生き延びた。一八五〇年には地位が安定し権力闘争も落着して、再び天体力学の問題に集中できるようになっていた。彼のことを鼻持ちならないやつと思う天文学者は増え続けていたかもしれず、また実際に鼻持ちならないやつだったかもしれないが、ルヴェリエはたちまち当代随一の天文学者としての頭角を現したのである。

・・・

もしもルヴェリエに秘められた超能力があったとしたら、同時代の人々が見落としていた何かを見抜く特別な才能があったとしたら、それは彼の計算に含まれる物理学上の引っ掛かりを嗅ぎつける能力にあった。ルヴェリエは数理天文学者としては優秀であっても、ほかの天文学者は彼を当世随一の数学者とはみなしていなかっただろう。ルヴェリエは観測の達人でもなかった。一八五四年にパリ天文台長に就任し、観測する職員を束ねることになったが、自身は観測に携わることはなく、携わりたいという気持ちもなかった。目立った貢献はむしろ論理的思考、つまり、方程式を解き、得られた数値が現実の世界における現象について何を暗示するかを理解することにあった。ルヴェリエが名声に伴う慌しい変化が一段落して再び天文分析に集中するや否や、ほかの天文学者たちはあらためてそれを思い知った。ルヴェリエが取り掛かったのは一見さほど重要とは思えない問題だった――当時は小惑星（アステロイド）とみなされていたものの軌道を詳細に調べたのだ。狙いはそれらがどこから来たのかを突き止めることだった――火星と木星の間で増え続けている瓦礫の山を、天文学的にどう説明すればいいのか。

最初の（そして当然ながら最大の）小惑星ケレスが発見されたのは一八〇一年。翌年にはパラスがドイツの天文学者ハインリヒ・オルバースによって発見された。オルバースはほかに先駆けて推論を発表した。太陽系ですでに知られているもののうち、単一のより大きな天体である「大」惑星に属する軌道を通過する天体が複数あるのはなぜか。彼の考えでは、それまでに特定された二つの小天体は一つの惑星を襲った大惨事の名残だった。かつてはるかに大きな天体――太陽から五番目の惑星が存在したに違いないというわけだ。

仮説上の惑星は名付けてファエトン――アポロンの息子で、父親の太陽の馬車を制御できなくなり、ゼウス（ジュピター）に打ち殺されたパエトンに由来する。小惑星はどれも惑星ファエトンが太陽系の大変動で破壊された名残ではないか、というのがオルバースの推論だった。その後さらに、ファエトンが木星に接近しすぎて、太陽系最大の惑星の重力によって粉々に砕け散ったか、あるいは別の大きな物体が衝突した可能性もあると示唆した。具体的な歴史的経緯はさておき、オルバースは一つはっきりと予測した。そんな惑星が実在したとしたら、かつて存在し、やがて吹き飛んだのだとしたら、何十、何百という（正確な数など誰に分かるだろう）小惑星が、ケレスとパラスが発見された一帯で見つかる可能性がある、と。

オルバースの読みが正しかったのは言うまでもなく、その証拠に彼は一八〇七年、新たに小惑星ヴェスタの第一発見者となった。もう一つ特筆すべきは、初期の太陽系で一種の壊し合い競争が起きていたという考えにも一考の余地があった点だ。結局、地球の月がどのようにしてできたかについて、今のところ最も説得力があるのは、いわゆる巨大衝突説（ジャイアント・インパクト）――太陽系の誕生から一億年以内に火星くらいの大きさの物体が原始の地球に衝突したという説だ。衝突して飛び散った仮説上の天体の少なくとも一つには、テイアという名前までついている＊

＊脚注＝月の形成をめぐる衝突仮説のうち、現在最も広く受け入れられている考えにはいくつもバリエーションがあり、少なくとも一説には衝突は起きなかった可能性もあるという。しかし中心となる概念によって、地球とアポロ計画で持ち帰った月の石の組成が似ているという発見と、地球と月の力学とが提起する主要な問題は説明がつく。そのため現在では、月は初期の地球と何か別の大きな天体の間に生じた何らかの宇宙の残骸だという可能性に傾いている。

（テイアはティタン族で月の女神セレネの母親の名だ）。
しかしながら、自然の探究を志す者が引っ掛かりがちなトリックがある。それは類似性だ。人間は未知のものを既知のものに重ねて解釈したがるが、これが落とし穴になりかねない。何かが別の何かに似て・い・る・からというだけでは、どちらも同じに違いないという裏付けにはならない。空に散在する岩は爆発が残した瓦礫に見えるかもしれないが……そこにたどり着くまでの経緯を立ち止まって考えない限り、証拠ではなく仮定に頼っていることになる。オルバースは自分になじみがあるという感覚から逃れられなかった。ルヴェリエは違った。

ルヴェリエが初めて小惑星を知ったのはその十年前、木星と、オルバースが見つけたパラスとの公転周期の比を突き止めたときだった。その比は十八対七――つまり、重力的な共鳴（軌道共鳴）である。それはラプラスが発見した木星と土星の公転周期の比と同じく整数比になっていた。再び小惑星に目を向けたルヴェリエは、オルバースの仮説を否定した。大惨事を引っ張り出すには及ばない、とルヴェリエは主張した。むしろ、小惑星群の形成も太陽系のほかの惑星が誕生したのと同じプロセスの一環にすぎないとして、二つの予測をした。第一に、「小惑星」のリストには軌道が分かっている小惑星は二十六しかないが、ルヴェリエもオルバースと同様、観測装置の性能が向上すれば「驚異的な数」の小惑星が新たに発見されるはずだと考えた。そして第二に、新しい天体が見えるようになれば、夜空のどの位置に配置されているかを突き止めることが可能になると主張した。その過程で観測者は「個々の大惑星を構成している物質を結び付けているのと同じ原因が、より小型の天体を個別のグループに配分した」というルヴェリエの主張の証拠を発見するだろう、と。

ルヴェリエの言うとおりだった。ルヴェリエが自説を提示した以降に発見された小惑星の配置は、惑星が形成される根本的プロセスを反映している。つまり、物質の粒子が累積して最初の小さい物体ができ、次に岩石ができて、それから「微惑星」（訳注　太陽系が形成される初期段階に存在したと考えられている微小天体）ができる。火星の軌道まで、微惑星は衝突を繰り返しながら成長し、やがて大きな岩石質の惑星となる。しかし火星と木星の間にある小惑星帯では、木星の重力が強く働いて、成長している物体を散乱させたため、大きな天体は一つも形成されなかった。代わりに、ルヴェリエが予測したとおり、共通の軌道力学——木星の重力の影響による凝集——で結ばれた小惑星群や小惑星族が形成されるが、その際に木星が果たす役割をルヴェリエ自身は正確に特定したわけではなかった。しかし、のちに訂正されるにせよ、ルヴェリエはここで科学的進歩のカギとなる能力を見せつけた。見てくれが似ていることに安易に飛びつかず（「惑星のがれき」には目もくれず）、見かけから遡及的に推理することを避けた。

遡及的な推理の代わりに、ルヴェリエは非常に重要な仮説を立てた。新しい現象が突然出現したからと言って、それを説明するのに必ずしも独自の新しい原因が必要になるわけではない、というものだ。観測は不可欠だが、ルヴェリエが小惑星の分析を裏付けにして論じたように、観測それ自体では不十分だ。新しい状況に立ち向かう際は、新しい情報の洪水の中に意味を見いだすのが科学者の務めだ。半世紀後の、同じフランスの偉大な数学者アンリ・ポアンカレの言葉を借りるなら、「私たちはすべての事実を知ることはかなわず、知る価値のあることを選ぶ必要がある」。

無謀で、傲慢な言葉に思える。何かが「価値のあること」だと誰に結論できるだろう。だが、そんなことはないとポアンカレは言う。プロセスから科学者の気まぐれを排除する内なる論理、自然の美を特定する方法があるという。コツは「完成していない調和を完成させる、あるいは（中略）数多くのほかの事実を予見させる」可能性のある事実だけに絞ることだった。小惑星に向き合っていたルヴェリエは、すでに確立された事実、はっきり特定されている二十六の軌道に、そうしたエレガントな効率性を見いだした。小惑星はもっとある、とルヴェリエは言った。細部まで徹底的に確立されたニュートンの万有引力の枠内で探し、その分析を使って惑星の整然と秩序付けられている分類を拡大せよ、と。ポアンカレにとって、最高の科学的思考は芸術作品だった。ルヴェリエは小惑星と向き合い、ポアンカレという誰よりも厳しい目利きを満足させる傑作を生み出した。

さらに成功してもルヴェリエの人柄が丸くなることはなかった。彼は結局、邪なまでに政治的駆け引きに長けた学者だった。一八五〇年代前半には、パリ天文台を掌握してフランスで最も重要な天文研究の実権を握ることに狙いを定めていた。そんなルヴェリエに対抗したのはフランソワ・アラゴ、当時のパリ天文台長でルヴェリエのかつての擁護者だった。二人の仲が決裂したのは一八四〇年代後半、ルヴェリエが天文台の人手や資金や設備の少なくとも一部を掌握すべく、裏で画策したのがきっかけだった。アラゴは踏みとどまったが、一八五三年に体調を崩し、自分に味方する人々と共に委員会を起ち上げて後任選びに乗り出した。ルヴェリエも負けじとフランス政府に対する影響力を蓄えて保身を図った。公共教育省は後任探しを中止させ、代わりに天文台の運営のあらゆる面をルヴェリエを含む委員会に審査させた。ルヴェリエの意向を色濃く反映した委員会の最終報告書は、天文台を旧式の設備を抱え込み、立地が悪く、トップも無能な時代遅れの施設と指摘。新しいアプローチと新しい人間が必要なのは明らかで、終身館長職を創設すべきであり、その権限は「絶対でなければならず（中略）審議機関の介入によって阻害もしくは侵害されることがあってはならない」と勧告した。公共教育省も同じ見解で、委員会報告を受領した十日後に指示を出し、フランスの天文学的野心の新たな全権指導者となるべき最適任者の名を挙げた。言うまでもなく、ユルバン＝ジャン＝ジョセフ・ルヴェリエだ。

ルヴェリエを誰よりもよく知る人々は身構えた。数学者ジョセフ・ベルトランは科学アカデミーの事務次官を二十年あまり務めることになるが、長年ルヴェリエをそばで観察し、ルヴェリエが海王星を発見するや否や、対人関係に問題があることを記している。「ルヴェリエは自分以外の人間の業績にはほとんど関心を示さなかった。ことあるごとに他人の間違いを正し、揚げ足を取って、手厳しいやり方を和らげたためしがなかった（中略）誰かともめるたびに当初彼に向けられていた賛辞は色あせていった」。

出世して部下を持つ身になってもルヴェリエの言動は改まらなかった。前運営陣に近すぎたと感じる人間は全員クビにした――あまりの容赦のなさに、一人の男を自殺に追いやったとほの

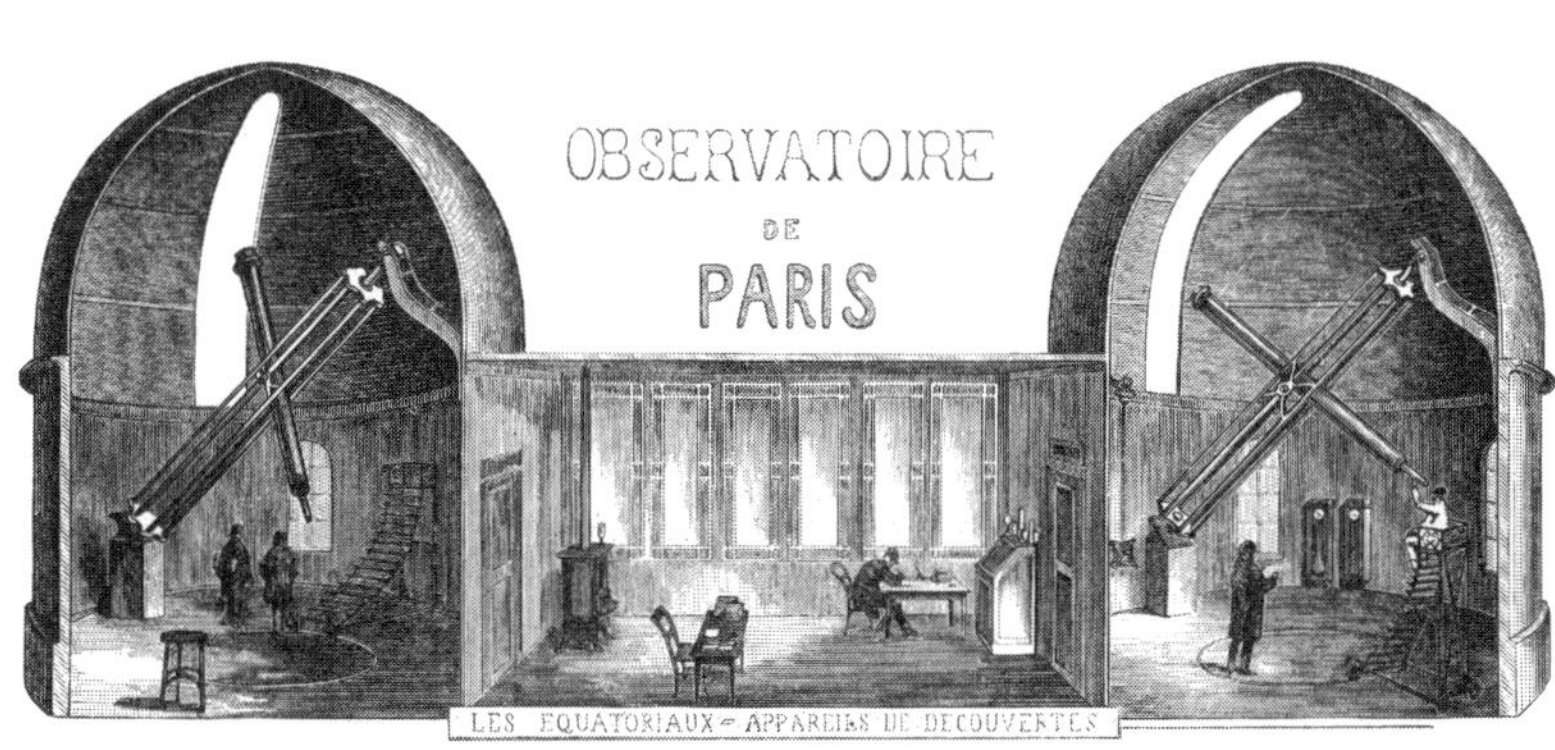

新聞の挿絵に描かれたパリ天文台（1862年）

めかしている伝記作家もいるほどだ。それは自ら雇った部下に対しても同じだった。一八五八年に天文台の一員となった助手のカミーユ・フラマリオンは、のちにルヴェリエについて、「高慢で尊大で頑固（中略）天文台の職員はみんな自分の奴隷だと考えている独裁者」だったと振り返っている。画家シャルル・エーム・ジョセフ・ダヴェルドゥワンは海王星を発見して最初の栄光に包まれていたルヴェリエの肖像画を描いたが、彼によれば、プライベートでのルヴェリエは「気立てがよく、非常に陽気で一緒にいて楽しい人物」だった。だが職場では確かに、「ルヴェリエは必要以上に厳しく（中略）職員の年齢やスタミナを斟酌しなかった（中略）言いたいのをぐっとこらえる側だったためしはなく、手が出たことも何度かあった」という。これは単なるゴシップの域を超えていた。実際ルヴェリエの任期中、犠牲者は驚異的な数に上った。彼が台長に就任してから当初十三年間に天文学者十七人、助手四十六人が天文台を辞めている。

しかし、ルヴェリエは権力者としては失格だったとしても、その能力は終始確かなものだった。天文台での最初のクーデターを完了すると、約束どおり、太陽系の包括的理論を完成させることに取り掛かった。まだいくつか事前にやっておくべきことが残っていた。とりわけ天空での太陽の（相対的な）運動について数千の測定値を分析しなければならなかった。この問題に着手した一八五二年、地球と太陽の推定距離として優勢だった数値は九五〇〇万マイル（約一億五三〇〇万キロメートル）だった。一八五八年には、ルヴェリエはその数値を二・五パーセント以上修正し――大幅な向上だ――九二五〇万マイルと現在の九二九九万五〇〇〇マイル（一億四九五九万七〇〇〇キロメートル）に驚くほど近づけた。

そうした計算や分析にはどこか機械的な感じもある――ひどく神経質な船長を満足させるために航海表の小数点以下第三位と第四位を修正する無味乾燥な記録管理のようなものだ。不運にもルヴェリエの下、最前線でこき使われた助手も、惑星の位置を一つ一つ表にして、それからルヴェリエが要求する正確な結果を出すべく果てしない集計作業に耐え抜き、延々と続く流れ作業に縛り付けられている気分を味わったに違いない。だが実はこうした分析が、八つの惑星それぞれの運行表に残っている異常を解明するという、より大きな目標の実現に不可欠だった。かくして太陽系の説明をはるかに向上させたルヴェリエは、次に四つの内惑星の運行表を整理し直して、（とりわけ）まず第一に海王星の発見につながった巨大外惑星で実現したレベルの精度に到達することを目指した。その結果、あるシンプルな変更（地球と火星の質量の推定値を増やすこと）を新たに得られた太陽からの距離と組み合わせれば、説明すべき四つの惑星のうち三つを解明できることが分かった。金星、地球、火星を数式で表したものも規則的に振る舞っていた。それぞれの惑星の数式から作った星図は、三つの実際の惑星の公転の観測記録で作った星図と一致した。

だがどうしてもずれが生じる惑星があった。水星だ。

言うまでもなく、水星は長年の敵だった。一八四〇年代、ルヴェリエが最初に水星の振る舞いの数理モデルを構築しようとした際も、失敗に終わっている。ルヴェリエの数理モデルはそれまでで最も正確だったが、一八四五年の水星の太陽面通過のタイミングからわずかにずれていたことが何を暗示するかを、ルヴェリエ自身は分かっていた。それまでよりいいというだけでは不十分、正しくないことに変わりはない、と。

当時ルヴェリエは問題の解決策はないと認めていて、次のように記している。「理論に基づいて作成した運行表が観測結果と厳密には一致しない場合、もちろん、不適切なのは万有引力の法則だとは考えないはずだ」。それはそうだろう。海王星はニュートンの理論の威力を歴然と示した。あるいはルヴェリエの言葉を借りるなら、「最近、この法則はかなり確実なものとなってきたので、私たちはそれを変えることは認めないだろう」。

むしろ、理論と観測結果にずれが生じるのは「計算に不正確な部分があったためか、私たちが何かを見落としているため」に違いないと、ルヴェリエは主張した。当時のルヴェリエにはどこに原因があるのかは分からなかった。分析の複雑さと水星についてはデータが不足気味であることを考えれば、原因が「分析ミスなのか（中略）天体力学の知識不足なのか」

を「断言することはできまい」と。

残る問題はそこだった。ルヴェリエ自身、その問題に再び取り組めるようになったのは、最初に試みてから十六年後の一八五九年。当時ルヴェリエは四十八歳、名声も、すべての目撃証言が示すように数学的能力も、頂点に達していた。パリ天文台のリソースを自由に使うことができた。水星の理論の解明は簡単なはずだった。

実際、それは簡単であり……同時に簡単ではなかった。年を重ねたルヴェリエには若かった頃のルヴェリエよりも絶対的に有利な点が一つあった。データが向上したことだ。ルヴェリエは一八四三年に使った情報、ほかならぬパリ天文台で観測した水星の運動の測定値に再び目を通した。そこに一八五九年当時最先端の天文技術によって得られる最良の観測結果を加えた。一六九七年までさかのぼる水星の太陽面通過の開始および終了時刻の精度の高い記録だ。性能のいい時計と地上の観測地点の正確な特定、惑星の太陽面通過の開始および終了時刻の測定値で天文学者が入手できる最も正確な部類のものだ。

ルヴェリエはいつもの計画に沿って攻撃を開始した。まず、水星の実際の軌道を、水星の動きを直接測定した経験的データに記されたあらゆる運動要素を使って精密に図に示した。次は計算だった。惑星と太陽についてすでに判明している重力の影響をすべて考慮すれば、ニュートンの法則からは水星についてどんなことが予測できるのか。どんな不一致（天文学でいう「残差」）も説明がつかなければならない。不一致がなければ、この惑星の理論は完了し、太陽系のモデルは完成に一歩近づくだろう。

だが一つ未解決の問題が残った。ある小さな数字、本当にごく小さい数字ではあったが、理論とデータの差は観測誤差として説明できる範囲を超えており、問題が現実のものであることを意味していた。それにより、はっきりしたことがある。水星のトラブルは十中八九、ルヴェリエの分析ミスではなく宇宙の未知の何かが原因である可能性が強く浮かび上がったのだ。

ルヴェリエが発見した異常は、水星軌道の近日点移動と呼ばれるものだ。楕円軌道において惑星が恒星に最も接近する点を近日点と呼ぶ。単純に二つの天体しかない理想的な場合を考えれば、その軌道は時間変化せず、近日点は一定のまま、常に一年間の周期の同じ点に来る。しかし、ほかにも惑星がある場合は時間変化する。そうしたシステムでは、年ごとの軌道を一枚の紙に記録しようとすれば、それぞれの楕円はほんの少しずつずれ、やがて一種の花びらが描き出されているはずだ。近日点（およびその反対の遠日点、すなわち軌道の最も遠い点）は太陽を中心にして周回する。移動の方向が惑星が一年間に移動するのと同じ方向であれば、近日点前進と言われる。幾何学を学んでいれば分かるとおり、円（もしくは楕円）軌道は一周三六〇度。一度は六〇分角、一分角は六〇秒角となる。ルヴェリエは分析の結果から、水星の近日点が百年に五六五秒角のペースで前進していることを突き止めた。

ルヴェリエは次に、水星軌道の運動を正確に記録し、計算し、整理した。近日点移動のうちどこまでをほかの惑星が水星に及ぼす影響で説明できるのか。ほとんどは水星の隣にある金星の仕業であることが分かった。ルヴェリエがはじき出した合計から、百年当たり歳差運動（訳注　回転する物体の回転軸の方向が変化する運動）のちょうど半分近い二百八十・六秒を金星の影響が占めていることが明らかになった。さらに木星の影響が百五十二・六秒、地球の影響が八十三・六秒、その他のわずかな影響を加えると、合計は百年間で五百二十六・七秒になった。

この計算結果の傑出した点は、ルヴェリエが明らかにした「誤差」が、一世紀半を経た今でも信

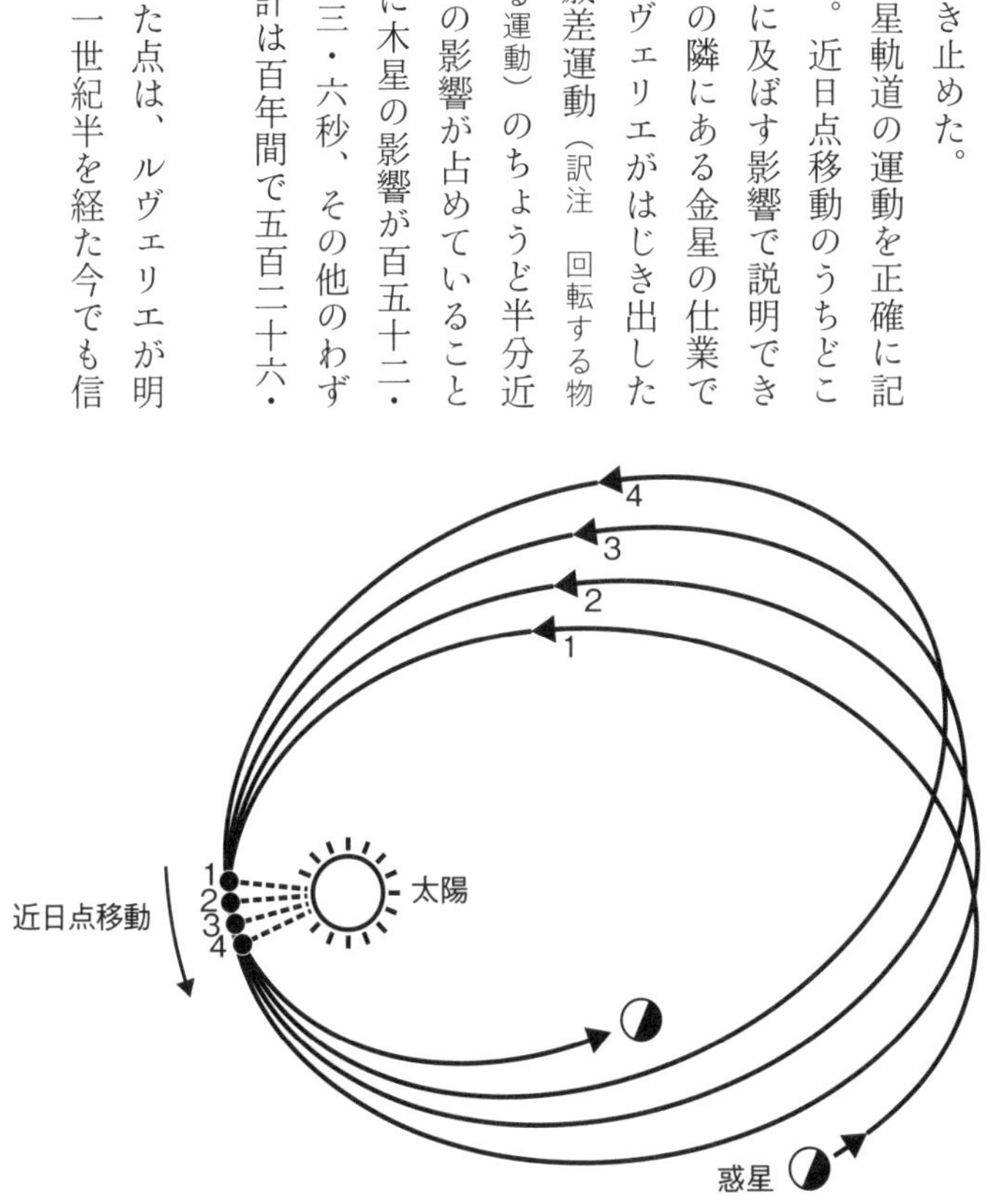

誇張して描いた水星の軌道。何十年も繰り返される近日点移動は太陽の周囲に花びらの模様を描く

じ難いほど小さいことだ。水星軌道のダンスにまつわる未解決の部分は、近日点が毎年来るべき位置からわずか〇・三八秒角進んでいることに尽きた。ルヴェリエがはじき出した数字を有名になった形に言い換えれば、百年間で水星の軌道は百周して三万六千度、軌道の近日点のずれは一万分の一、誤差はわずか三八秒角である。

確かに小さい誤差だ。とはいえ、水星の近日点が前進し過ぎることが持つ、ある決定的な性質は変わらなかった。つまり、ゼロではないということだ。理論の予測と実際の運動とのずれが何を意味するかを、ルヴェリエは知っていた。水星が既知の天体の存在しないところで移動するとしたら、「天体力学の知識不足」を修正しなければならないということだ。

ルヴェリエにしても完璧な人間ではなかったのは確かだが、とにかく犯さなかった誤りがいくつかある。水星軌道は太陽の周囲で歳差運動をする。そのペースは太陽系内の重力の影響をどう組み合わせても完全には説明がつかない。水星軌道のずれの数値としてルヴェリエがはじき出した三八秒角は、現在の四三秒角から少し外れているが、それでも一八五九年に利用できたデータの限界を思えば、当時としては可能な限り正確に近かった。ルヴェリエはその結果を疑わなかった。ほかの天文学者も疑わなかった。それどころか、彼らにとっては素晴らしい知らせだった。説明のつかないものが彼らに発見されるのを待っているのだ。

次に何をすべきか、もちろんルヴェリエは誰よりも承知していた。水星について本一冊分に及ぶ長い報告書に自らこう書いている。「惑星、あるいは水星軌道付近を周回している小さな惑星群でもいいが、それが水星の異常な摂動の原因になっている可能性がある。(中略)この仮説によれば、探すべき物体は水星軌道の内側に存在するはずだ」

それからルヴェリエは次の段階へ進み、水星の内側にある惑星が水星の近日点を前進させるにはどの程度の大きさでなくてはならないかを突き止めに掛かった。探すべき惑星が水星と太陽のほぼ中間にあると仮定すれば、その質量は隣の水星とほぼ同じでなければならない。だが、そうなると問題があることを、ルヴェリエは承知していた。そこまで大きいとしたら、なぜまだ目にした者が一人もいないのか。予想された軌道上にある水星大の惑星が、たとえ普段は太陽の光によって隠されているとしても、「皆既日食の間」でも見えないというのは「あり得ないはずだ」と記している。かくしてルヴェリエは別の可能性を示した。「太陽と水星の間に軌道を持つ小惑星群」だ。

これを読んだ人々は、少々落胆したに違いない。増え続けている小惑星にさらに新たな顔ぶれが加わったところで、位置が特殊とはいっても、海王星の発見ほどの大ニュースになるわけではなかった。それでも、重要性では引けを取らなかった。水星の歳差が説明できない限り、異常が意味するのは宇宙秩序に対する侵害であり、それはニュートンの後継者たちにとっては（もちろん）考えられないことだ。ルヴェリエの文章に切迫感が感じられるのはそのためだ。「これら（小惑星）の一部は太陽面通過の際に十分見えるくらい大きいに違いない。太陽の表面に現れるすべての現象を調べている天文学者は、疑うことなく、いかに小さくても目に見える点を追跡すべき理由をここに見いだすはずだ」。つまり、こういう意味だ。諸君が追いかけてきた太陽黒点――その中に小さな惑星が含まれている可能性がある。つかまえろ！

長い時間をかけて太陽黒点を選り分けるのはちょっと、という人々には、発見を早める別の方法があった。ルヴェリエは一八五九年九月十二日付けのアカデミーの報告書（コント・ランデュ）に、自らの発見についての短文を発表していた。同じ号に、アカデミーの事務局長エルヴェ・フェイが、ルヴェリエの仮説に基づく小惑星を目撃するには日食中が最良のチャンスだと書いている。運良く、次の観測しやすい日食が間近に迫っていて、一八六〇年七月十六日にアフリカ北部とスペインの上空で見られる見込みだった。太陽の縁に最も近い領域は突然、太陽の激しい光から解放され、その状態が「決定的瞬間」つまり皆既日食の数分間まで続くので「ムッシュ・ルヴェリエが指定した領域の大半を探るには十分だろう」とフェイは書いている。

フェイの報告書を皮切りに、皆が一斉に準備に取り掛かった。場所が選ばれた——スペイン・バスク州のビルバオ付近かアラゴン州サラゴサの数キロメートル西、あるいは地中海を渡ってアルジェ沿岸のどこか——とにかく七月十六日に晴れた空が見られる可能性が極めて高いと観測チームが考える地点だ。ルヴェリエの過去の業績を考えれば、初めての観測で小さな惑星が一つ以上見つかってもおかしくなかった。いや、すでに見つかっていたのかもしれない！　天王星が何度も目撃されながら見過ごされていたことを思い出して、ルヴェリエの告知を見た者の中には、一六〇九年にガリレオが初めて自作の望遠鏡を空に向けて以来の過去の記録を調べ直し、水星軌道の内側に天体と呼べそうなものを探しに掛かった者もいた。

この最初の太陽面通過ではそれらしき候補は姿を現さなかった――それでもやはり、ハーシエルの場合は思いがけない幸運だったとはいえ、自分が何を探しているかが分かっているというのは発見につながる強い味方だった。いざ、スペインへ！

エドモン・モデスト・レスカルボーは謙虚な男で、内気といってもいいくらいだった。つつましい毎日を送り、行動範囲はたいていセーヌ川とロワール川に挟まれた、パリの西およそ一〇〇キロメートルとすぐ南の一部に限られていた。医学を学び、一八四八年に小さな田舎町オルジェール＝アン＝ボースに診療所を開設した。以後四半世紀、そこから動かなかった。一八九四年に九十歳で地元の名士として――診療所のあった通りは現在リュー・デュ・ドクトゥール・レスカルボー（レスカルボー先生通り）と呼ばれている――世を去り、ほとんど忘れ去られた。

田舎の町医者レスカルボーには情熱を傾けているものがあった。少年時代、彼は夜空に恋をした。もちろん、子供はやがて大人になり、子供じみたものは卒業するケースがほとんどだ。だがレスカルボーは違った。今も昔も天文学に慰めを見いだす人は多いが、彼もその一人だった。それはのちにアルベルト・アインシュタインが見いだすことになるのと同じ慰めだった。「われわれとは別個に存在する、この大いなる世界」に思いめぐらすことは「解放」

だと、アインシュタインは記している。

　レスカルボーにとって、日々の回診から自身を解放することは、実に立派な私設天文台を建設することにつながった。その天文台は背の低い石造りの小屋で、一方の端に控えめなドームが設けられていた。ドームには全長一メートル二〇センチあまりの反射鏡に直径約一〇センチの対物レンズがついた、申し分のない性能の望遠鏡が設置されていた。診察の合間に、ときにはほんの数分間、こっそり診察室を抜け出し、ドームで少しばかり星空を眺めて、ひょっとしたら夢を見て過ごすのだった。火星と木星の間の一帯に小惑星が発見されたのを受けて、レスカルボーは思った。ほかにもそういう財宝が埋もれているところがあるだろうか。答えが脳裏に浮かんだのは一八四五年五月八日――ルヴェリエが水星と太陽の出合うタイミングを逸したまさにその日だった。

　レスカルボーは太陽表面を水星の点が横切るのを、数学的緻密さなど一切気にも掛けずに観測した。むしろ、通過している水星のことではなく、ほかにまだ観測されていない通過があるだろうかと考えていた。ケレスもしくはパラスくらいの規模の小惑星が太陽の近くに隠れているとしたら、太陽面通過のときだけがその姿を見る唯一のチャンスになりそうだった――そしてそうした事象は、宇宙でほかの人間がいまだかつて気づかなかった何かを発見するスリルを求めてやまない、熱心なアマチュア天文家にとって、打ってつけの観測対象になっただろう。
レスカルボーはそのひらめきをなかなか実行に移さなかった。平凡な日常が邪魔をした。一つには診療を疎かにはできなかったためだが、それ以上に、レスカルボーが正真正銘のアマチュアだったせいだ。太陽の縁を通過する小惑星のように繊細な現象を正確に捉えるだけの知識も手段も持ち合わせていなかった。準備するのに十年以上を要したが、一八五八年には望遠鏡に自作の道具を取り付けて、視界に入った物体の位置が一定になるように工夫していた。ようやく探索の準備が整ったのだ。

一八五九年三月二十六日土曜日。オルジェールは春先のうららかな昼下がりを享受している。診察を受けにやって来る患者の波も一段落。いつもどおりレスカルボー医師はここぞとばかり自前の天文台へ向かう。望遠鏡を太陽に向ける。ある物体が視界に飛び込んでくる。小さな、くっきりした点が、太陽の縁のすぐ内側に見える。大きさは水星の見かけの直径のだいたい四分の一くらいだろうと、レスカルボーは当たりをつける。見逃したが太陽の縁に現れたのはつい先ほどだろう。見かけの運動のペースから逆算して、太陽の縁を通過した時刻をほぼ四時頃、正確には午後三時五十九分四十六秒と推定する。それを炭のかけらで板切れに書き留める。記録されてはいないが、新たな患者がやってきて、レスカルボーはしぶしぶ望遠鏡から離れる。数分後、再び天文台へ。点はまだ消えておらず、太陽の表面を移動している。それをレスカボーは今度は中断することなく追跡し、太陽の円の中心部に最も近づいた瞬間と、太陽の縁から出て見えなくなる瞬間に注目する。その時刻を再び書き留める。五時十六分五十五秒。太陽面通過の所要時間は全部で一時間十七分九秒。太陽系の最も内側の領域で小惑星が見つかるとすれば、きっとこんなふうに姿を現すのだろう。レスカルボーは慎重にメモを書き写し、それから……

何もしないまま……

九か月が過ぎていき……

レスカルボーはようやく手紙をしたため、それを――手渡しで――パリに届けてもらうことにする。

彼は「沈黙を破った」とルヴェリエは後日書いている。「それはひとえにコスモス誌に掲載された水星に関する私の論文を読んだからだった」レスカルボーは三月のその土曜日に自分が集めたデータについて詳述し、一つ大胆な主張を加えた。「(くだんの惑星の)太陽からの距離は水星よりも短く、この天体がくだんの惑星であると、もしくは惑星の一つであるということも確信しております。その存在をムッシュ・ルヴェリエは数か月前に世に知らしめられた。海王星の存在する条件を理解することを可能にせしめた計算の素晴らしい力をもって……」

レスカルボーは書簡を「道路橋梁局・名誉総括監察官」ムッシュ・ヴァレに託し、ルヴェリエその人に届けてくれるよう頼んだ。一八五九年十二月二十二日付の書簡はその数日後にパリに届いた。ルヴェリエは当初——本人によれば——疑心暗鬼だった。それでも希望を持つことにやぶさかではなかった。レスカルボーが観測したと主張するものを実際に観測した可能性があるのかどうか、確かめる方法はたった一つ。本人に会い、使った道具を調べ、問いただしてみる以外になかった。どこかの田舎の素人がそんな大当たりを引き当てるなんてあり得ないように思えようと、その素人がぐずぐずしていたかもしれないなど許し難いことであろうと、関係なかった。ルヴェリエは義理の父の家で新年を祝う約束になっていた——ところが列車の時刻表を見たところ、オルジェールに行ってパリに戻ってくるのは三十一日の零時前がやっとだった。そこでヴァレに目撃者として自分と一緒にオルジェールへとんぼ返りするよう命じ、レスカルボーが見たという「惑星」が実際に存在する可能性について検証に乗り出した。

ルヴェリエとヴァレは、一番近い鉄道の駅から二〇キロメートル近く歩いて、予告なしにオルジェール＝アン＝ボースに到着した。数日後、ルヴェリエがアカデミー向けに説明したレスカルボーとの対面の模様は静かな、平和的といってもいいくらいのものだった。「ムッシュ・レスカルボーは長年科学の研究に身を捧げてきた人物であることが分かりました（中略）我々が道具をじっくりと調べるのを許可し、観測についてこの上なく事細かに、とりわけ惑星の太陽面通過の状況を洗いざらい説明してくれました」パリからやってきた二人の男はレスカルボーに観測について段階を踏んで説明させ、目の前のアマチュア天文家が見たというものを本当に見たのであり、その事象を正しく解釈したのだと納得した。「ムッシュ・レスカルボーの説明は、簡潔になされ、彼が完了した詳細な観測は科学的事実として認めるべきであると我々に確信させるものでした」

プライベートではルヴェリエはまったく違う言い方をしていた。科学的な対話の因習から解放されて、英雄叙事詩をつくり上げたかのようだった。レスカルボーが水星の歳差運動の問題を初めて読んだのと同じコスモス誌の編集者アッベ・モワンゴがそうしたパフォーマンスの場に居合わ

L. Martin, éditeur

9 — Orgères (E.-et-L.) - Observatoire du Dr Lescarbault, 1863

観光名所と化したレスカルボー医師の天文台（1863年の絵はがき）

せた。ルヴェリエはオルジェールに出発する際、ただの田舎の医者が新惑星を発見して、しかもそのことを九か月間も黙っているなんてできるわけがないと思っていた、と語ったとモワンゴは書いている。それでも「内心、話は本当かもしれないという確信」はあったという。医者の家で天文学者が対峙したのは、パリから来たライオンの前で震えている「仔羊」だった。「あのときのムッシュ・レスカルボーときたら見ものだった……それは小さくて、単純で、控えめで、おどおどしていて」ルヴェリエは大声でわめき、レスカルボーは口ごもるが――それでもモワンゴによれば、そのたびになんとか抗弁しおおせる。「ではは っきりさせて頂こうか……通過開始時刻と終了時刻は?」ルヴェリエは催促し、通過開始時刻の測定は「極めて慎重を要するもので天文学の専門家でも観測に失敗しがち」なのだと指摘した。レスカルボーは通過開始を見逃したことを認めたが、目撃した点が太陽の縁から同じ距離を再び通過するのに要した時間を確認することで推定時刻を逆算していた。それでは不十分だとルヴェリエは言い、レスカルボーのクロノメーターに秒針がないと知ると食ってかかった。「何だって! そんな古い時計で、分しか分からない状態で、推定何秒などと口にするのか。私の疑念はもう十分裏打ちされている」

しかしレスカルボーはそんな辛辣な攻撃からも立ち直り、何秒かを数えるのに使っている振り子を客人たちに見せて、自分は医師だから「脈をとって脈拍を数えるのが仕事なので……数秒間数えるくらい何でもないんです」と天文学者のルヴェリエに教えてやった。記憶されていた（および少なくとも現代人にとってはドラマチック過ぎる）話のこのあたりになると、モワンゴ（あるいはルヴェリエ）の陥っている状況が分かってくる。パリから来たライオンは猛攻撃を繰り返し、ついに仔羊を仕留めるかと思えるが、そのたびに憎めないほど無防備な仔羊の反撃に遭い、逆にレスカルボーを誇大評価する。著名な天文学者は懐疑派の役（一方の結果をどれほど偏重していたかは置いておこう）、田舎の医者はどんどん有能になって、優秀な科学者にまでなる。尋問は一時間続き、ルヴェリエの疑いを払拭するには十分だった。ついにルヴェリエは降伏した。「思いやりに満ちた優雅さと気品をもって、彼は重要な発見をしたレスカルボーを祝福したのである」ルヴェリエはレスカルボーをより分かりやすい見返りにも導き、その月のうちに、水星軌道の内側で初の惑星を発見したと思われる「村の天文学者」にレジオンドヌール勲章が授与されるのを確実にした。

次の段階はルヴェリエの独擅場だった。レスカルボーは自分の観測結果を惑星軌道に変えるために必要な数学的スキルを何一つ持ち合わせていなかった。ルヴェリエはそれを一週間足らずでやってのけた。新惑星の軌道は円に近いと仮定し、太陽のまわりを二十日弱で一周、太陽からの距離は最大で八度とはじき出した。そのような物体を直接目にするのは困難で、事によると不可能かもしれなかった。だが、仮にルヴェリエの分析が正確に近いとしたら、くだんの惑星は毎年二回から四回、太陽面通過を繰り返すだろう。

それを受けて、大衆メディア――イギリス紙タイムズ、アメリカの天文学誌ポピュラー・アストロノミー、イギリスの週刊誌スペクテイター（レスカルボーに対して非常に好意的な言葉を述べている）――に惑星フィーバーが巻き起こった。ほかに考えられる軌道が提案され、新惑星が非常に変わった楕円を描いて太陽のまわりを周回するという仮説に基づいてデータを再検討した者もいた。そうかと思えば、レスカルボーの惑星が過去に目撃されながら報告されずにいた可能性がないか、古い記録を調べ直す者もいた。そして天王星と海王星のように、じきに新惑星候補が現れ、十八世紀半ばまでさかのぼって目撃談が延々と続き、二桁に達したのである。

謎の物体の観測再現をはじめ、やるべきことがまだあるのは明らかだった。にもかかわらず、不確実性がなかなか消えない状況にはお構いなしに祝賀ムードは続いた――それは無理もなかった。新惑星はあると信じて疑わない思いは、ルヴェリエ自身の評判と発見の背景にある揺るぎない論理と同等のものだった。水星の近日点移動は当時も今も現実だ。ニュートンの重力理論はそうした問題に明白な解決策を与える。ある物体があって然るべき位置と寸分違わぬ位置に現れることは、まったく理に適っていた。どんぴしゃだった。真実でないはずがなかった。

天文学的事実には名称が必要だ。今回は愛国主義的な議論を切り抜けたり、「オケアノス」か「ルヴェリエ」かでもめたりはしなかった。慣例どおりに事が進んだ。惑星はその大小にかかわらずいにしえの神々の名を頂いた。誰が最初に言いだしたのかはどういうわけか記録がないものの、最終的な決定は容易だった。太陽の灼熱の炎から逃れられない天体にふさわしい神といえば、オリンポスにはただ一人しかいなかった。ヴィーナスの夫、鍛冶の神だ。一八六〇年二月には、太陽系で最も新しい惑星は名前を与えられた――

ヴァルカンである。

ヴァルカンは幸先のよいスタートを切った。ルヴェリエの発表から数週間後、古くからのライバルが新惑星にひれ伏した。ほかならぬイギリスの王立天文学会だ。「ムッシュ・レスカルボーの観測の類まれな恩恵は付帯状況を調査する者すべてが認めるだろう。ムッシュ・ルヴェリエの理論上の探究に対する第二の勝利となる結論を、あらゆる国の天文学者が一斉に称えるだろう」。より実際的には、新惑星発見の報を受けてこのうえなく誠実な社交辞令が湧きおこった——記録には残っていないが新惑星を以前に目撃したという主張だ。ロンドン市の出納官で熱心なアマチュア天文家だったベンジャミン・スコットはタイムズ紙に文章を寄せ、自分はずっと昔に水星軌道の内側にある惑星を見つけていたと主張した。惑星とおぼしき物体は金星くらいの大きさで「一八四七年の夏の盛り」の夕暮れ時にちらりと見かけたという。

スコットの「発見」は王立天文学会の別の会員との会話の中で報告されただけで、真剣に受け取られるようなものではなかったが、プロの天文学者は自分たちも獲物を見落としていたのではないかと考えた。チューリッヒの天文学者ルパート・ウォルフは自身や他人の太陽観測記録を見直して、誤りの可能性――ただの黒点だと思っていたものがヴァルカンの通過だった可能性――に気づき、二十一の可能性について発表し、直接ルヴェリエにも送付して、レスカルボーが見た物体に最も近いと思われるものを四つ強調した。

ウォルフのリストに注目したのはやはり天文学者であるJ・C・R・ラドーで、ウォルフが候補として挙げたうち二つのデータを使って、ヴァルカンの目撃データかもしれないものを絞り込んだ。ラドーはほかの天文学者と同じように「レスカルボー医師による観測結果発表の驚くべき遅延」について中傷した。だが当初の怒りが過ぎ去ってからは、慎重な分析を行い、ヴァルカン探求の次なる段階で天文学者がまさに必要とするものを生み出した――次に太陽面通過を観測できそうな時期の予測だ。ウォルフの候補二つが実際にレスカルボーが見たものと同じ物体だと仮定して、ラドーは結果を三月上旬に発表した。ヴァルカンが次に太陽面を通過するのは三月二十九日から四月七日の間だ、と。

ラドーのいう太陽面通過が見られるのは南半球で、南半球の天文学者は発見の瞬間に備えた。ヴィクトリア天文台のエラリー台長は、三十分おきに太陽を観測した。赤道に近い南インドのマドラス（現在のチェンナイ）ではテナント少佐がその上を行き、「三月二十七日から四月十日まで太陽の前面を数分おきに観測した」と報告している。シドニー天文台ではスコット氏が同時期に独立した観測を行った。エラリーはこの三か所の結果を総括した。複数の観測者が行った惑星探しは「成功することなく」ヴァルカンの太陽面通過予想期間は終了した。

それは打撃ではあったが、致命的なものには程遠かった。ヴァルカンが観測しづらいだろうというのは最初から分かりきっていた。そうでなければ、大きな天体――水星くらいの大きさの天体――ならいくつも目撃されていただろう。だからこそルヴェリエは、レスカルボーの報告によって単一のヴァルカンが存在する望みが出てくるまで、水星軌道の内側に小惑星帯が存在するというのが最も可能性の高い選択肢だと考えていた。それでも、レスカルボーが見たという物体はほとんどの、ひょっとするとすべての小惑星を上回る大きさらしいものの、レスカルボーのメモからすると、直径は水星の二十分の一程度らしかった。その大きさではルヴェリエが発見した近日点前進をすべては説明できなかった。レスカルボー自身は一躍有名になった後、表舞台から姿を消した。一八六〇年にレジオンドヌール勲章を授与されてからもそれまでの習慣は変わらなかった。田舎の医師でアマチュア天文家のまま生涯を終えた。ルヴェリエの訪問を受けた後は、水星軌道の内側の物体についてさらに発言することはなかった。

しかし現役の天文学者たちはまだこの問題に取り組まざるを得なかった。一件か数件の目撃に基づいてヴァルカンの軌道を計算しても、よくて近似値が得られるのがせいぜいで、間違っている可能性が十分あった。ルヴェリエにとってもほかの天文学者の多くにとっても、ラドーの計算に基づいて予測される太陽面通過が観測できないという事実は、やはり、当時の数学と観測装置では限界があることを示すばかりだった。探索の必要性は微塵も変わっていなかった。水星は相変わらず歳差運動をしており、その原因はまだ突き止められていなかった。

そのまま、瞬く間に時は流れた。

十九世紀半ば、イングランドのマンチェスターは豊かさと知性を誇っていた。一八六一年、市はイギリス最大の知の祭典、イギリス科学振興協会の年次総会を主催し、その富と頭脳を見せつけた。チャールズ・ダーウィンが『種の起源』を刊行してから二年足らず、その反響はまだ学識ある人々が集まるたびにこだましていた。マンチェスターでの年次総会で、ダーウィン擁護派は信心深い懐疑派との戦いに備えていた。発言者の一人、「盲目の経済学者」ヘンリー・フォーセットは究極の主張をした——ダーウィンは真の科学の英雄であり、自らの問題を、かの偉大なアイザック・ニュートンが物理学で用いたのと同じ手法、実験と観測と一般化に対する同じアプローチによって解決した人物であった、と。

もちろん、それ以外にも議題は多岐に及んだ——浚渫工法の進歩、ニュージーランドの鳥類についての報告、気球委員会からの近況報告など。天文学分野は比較的静かだったが、総会は全体としてはヴィクトリア朝の人々の好奇心をめぐる基本的な現実を反映していた。当時はいたるところで、専門家にも素人にも情熱があふれて絶えることがなかった。それを思えば、マンチェスターの市民科学者たちが新惑星を追いかけても不思議はなかった。

かくして一八六二年三月二十日の朝、「マンチェスターのラミス氏」なる人物が数分の暇を盗んで小型望遠鏡で太陽を観測した。イギリスの一般向け天文誌アストロノミカル・レジスターに掲載された公式報告によれば、ラミスは「午前八時から九時の間」に観測をしていて、「速く動く一つの点が現れたことにはっとしたという。その物体は衝撃的だったのでラミスは証人になる人間を呼び、二人は「共にその物体がくっきりした円形だった」という意見を述べた。ラミスは仕事のために屋内に引っ込むまで二十分間にわたってその点を追跡した。再び望遠鏡を覗いたときには先ほどの物体は消えていたが、「彼は微塵も疑っていない」状態だった。ラドーと同僚は慣れた手順を繰り返し、不完全な観測から軌道の要素を構築し、問題に蹴りを付けるほどのデータは揃っていないにしても、少なくともラミスのヴァルカン候補がレスカルボーのものに匹敵することを突き止めた。

懐疑的な意見もあった。プロの天文学者二人、アメリカ人のクリスチャン・H・F・ピーターズとドイツ人のグスタフ・シュペーラーはラミスが「発見」したのは単なる黒点だと一蹴した。だがそれ以外の、ルヴェリエも含む多くの天文学者たちは、一貫した軌道を大まかには予測できる目撃例の中からヴァルカンとおぼしきものを特定する作業が進んでいる状況からすれば、最終的には確認されるはずだと考えた。一八六〇年代半ばには、当のアストロノミカル・レジスター誌が問題は決着したとみなしたようで、ヴァルカンを（レスカルボーが目撃したものか別の誰かが目撃したものかには言及せずに）「太陽系惑星一覧」という項に最も太陽に近い惑星として挙げた。

しかし、まもなく事態はさらに複雑になった。その後も新惑星を目撃したという報告が、定評ある観測者からも無名の観測者からも届き続けた。一八六五年、それまでまったく無名だったムッシュ・クンバリなる人物――頭の固いビザンチウム市民らしい――がコンスタンチノープルと呼ばれる街で行った観測の詳細について、ルヴェリエに手紙をしたためた。それによれば、クンバリがイスタンブールにある自分の望遠鏡で観測したところ、黒い点が一つ、太陽黒点の集まりから離れて、独自に移動しているように見えた。観測を続けたところ、問題の黒い点は四十八分後に太陽の縁の外に出て姿を消したという。ルヴェリエは知らない相手からではあるが自分には「正確かつ誠実」な情報に思えると述べ、クンバリの報告にお墨付きを与えた。一八六九年、アイオワ州セントポールズ・ジャンクションに集まった日食観察のエキスパート四人（当時の記録がわざわざ言及したところによれば、うち一人は女性だった）が、「肉眼で、太陽の縁から月の直径くらいの距離に、少し明るいもの」を目撃した。

ほかにも少なくとも二人（うち一人は小型望遠鏡を使って）が同じ物体に目を留めたようだ。

ヴァルカンの論理的必要性をどうしようもないほど強く感じている人々にとって、この怒濤のようなメッセージは心強く、それ自体は証拠ではなかったものの、すでに確立されたパターンの上に情報が蓄積されていったのだった。海王星のような純然たる発見の瞬間がないのはもどかしかったに違いないが、それでもこの問題に特有の難しさを考えれば、誠実かつ正確な見知らぬ誰かからの手紙がパリに届くたびに、そうしたつかの間の目撃談は重要性を獲得していった。ニューヨーク・タイムズ紙によれば、「ごく一握りの肯定的な証拠が膨大な量の否定的な証拠を圧倒」した。だがそうした一握りの有望な情報にもかかわらず、ヴァルカンは系統立った探索を意地悪なくらいうまくかわして逃げるのだった。

ベンジャミン・アプソープ・グールドはまさしくボストンの名家の御曹司だった――名門ボストン・ラテン・スクールの校長の息子にしてアメリカ独立戦争を戦った退役軍人の孫で、自身は一八四四年に（ほかでもない）ハーバード・カレッジをわずか十九歳で卒業した。これで先祖への義理は果たしたと、以後は自分の好きな道に進んだ。ヨーロッパに向かい、ちょうど海王星が太陽系デビュー（と受け取られている）を果たした頃、グリニッジ、パリ、ベルリンの天文台に勤務した。ゲオルク・アウグスト大学ゲッティンゲンで数学を学び、一八四八年にアメリカ人では初めて天文学の博士号を取得した（それも二十三歳の若さで！）。

一八四九年にボストンに戻り、母国の研究の旧態依然とした状況に驚き、アメリカの天文学の変革に取り掛かった。天文学全体の将来にとって何より重要だったのは、彼が一八六〇年代に望遠鏡にカメラを組み合わせる天体写真術にいち早く熟達したことだ。

グールドはアマチュア天文家がヴァルカンとおぼしき物体を観測した一八六九年の日食にカメラを持参していた。アイオワ州バーリントンの街に陣取り、ミシシッピ川右岸で観測をした。目的は太陽のコロナ――太陽の大気で、皆既日食の間だけ見える――を調べることと、太陽に近い領域を可能な限り正確に調査して水星軌道の内側に現れるかもしれないものを探すことだった。グールドと助手は日食の間に四十二枚の写真を撮影した。皆既日食の間にほかの観測者が撮影した写真も四百枚はあろうかと思われたが、グールドはその多くも調べた。どの写真にも、めぼしいものは何一つ写っていなかった。

グールドは観測結果をパリの科学アカデミーのイヴォン・ヴィラソーに送った。グールドはまず基本の推論から始めた――日食の影に、水星の運動を説明できるだけの単

カナダ日食観測隊の天体写真家たち(1869年8月、アイオワ州の観測基地で)

体もしくは複数の惑星が、北極星（ポラリス）くらいの二等級の明るさで輝いているのが、肉眼でもすぐに見つけられるはずというものだ。[*] 自分の撮影機材は人間の肉眼で捉えられる限界まで、どんな物体でも検知できるだけの感度があり、ヴァルカン発見の妥当な限界と思える域のはるか下までカバーできると、グールドは主張。したがって、「この調査は、水星の近日点移動が水星軌道の内側にある単一もしくは複数の惑星の影響によるものだという仮説を否定するものと確信する」と結論付けた。目を凝らしたが、ヴァルカンらしきものは影も形もなかった、と。

だがヴァルカンはしぶとかった。ヴィラソーはグールドの書簡を発表する際に独自の注を加えた。必ずしもこのアメリカ人の結論を絶対視する必要はない、というものだ。たとえば水星に必要な重力の影響を与え、かつ探知されない位置に小惑星が存在するのかもしれない。言い換えれば、問題は解決していなかった。水星軌道は相変わらずずれており、ニュートンの宇宙ではその運動は依然としてヴァルカンのような何かを必要としていた。陳腐な表現を使えば、証拠の不在は不在の証拠とはなり得なかったのだ。

そう考えたのはヴィラソーだけではなかった。ウィリアム・F・デニングは、ヴィクトリア朝のイギリスで最も偉大なアマチュア天文家と誰もが認める人物だった。現在も七月下旬から八月中旬にかけて見ることができるペルセウス座流星群の包括的分析を史上初めて行っ

＊脚注＝天体の等級尺度は古代ギリシャの天文学者たちにさかのぼり、個々の星の明るさについて目に見える大まかな違いに基づいていた。本来基準とされたのは北極星で、ぴったり 2 等級とされていた。等級が小さく（およびマイナスに）なるほど明るさは増す。太陽の地球からの見かけの等級はマイナス 26 等だ。現在の定義では、1 等星（超巨星アンタレスや乙女座α星スピカなど）は人間の肉眼で捉えられる限界とされる 6 等星の 100 倍明るい。

て名を上げ、その後も何より流星に熱中していた。とはいえヴァルカンはそんな彼の関心を引くだけの、科学的に差し迫った問題だった。デニングは何ごともきちんとしていないと気が済まない性格で、自分の影響力を行使して、次に有望なチャンス――一八六九年三月から四月に太陽面通過の系統立った探索に乗り出した。天体観測者十五人に対し、太陽を「目視でき……水星軌道の内側にある惑星ヴァルカンとおぼしき物体をもう一度目にすることが可能な状態で、常に観測する」よう説得した。

ヴァルカンは頑として姿を見せなかった。

デニングは翌年も、二十五人のチームを募って、一八七〇年春の太陽面通過の時期に、とらえどころのない惑星を再び追いかけ、一八七一年にも協力者を募った。志願者を集める際、自分の目的はこの問題に蹴りをつけることだと宣言していた。「探索の目的は達成できるはずだ」とデニングは書いている「成功とは言えないかもしれないが」。確かに探索は終わった。幻の惑星探しを三度にわたって根気強く試みた末に、どうやら、もうやるべきことは何もないと結論したようだ。もう探索の支援を呼び掛けることはせず、呼び掛けに応じたアマチュア天文家たちは以前やっていた調査に戻っていった。

レスカルボーが目撃したという話が最初に広がって以来、それまでで最大の系統的探索が行われた末に、デニングが何も発見できなかったことは、ヴァルカンを苦境に陥れた。水星の運動のぶれを説明するものが相変わらず必要だった。帳簿の片側にはルヴェリエの厳然たる事実と紛れもない能力があった。誰もルヴェリエの計算を疑わず、疑うなどあるまじきことだった――一八八〇年代に水星軌道の近日点前進を再調査した結果、ルヴェリエが突き止めたとおりの異常が確認され、わずかに大きくなった。惑星候補らしきものを見かけたという相次ぐ証言がまだ見ぬ惑星への興味をかき立てた――とはいえ探索が始まって十年、誰よりも綿密に観測した人々でさえ何の成果も挙げられないままだった。いったいどうすればいいのか。

より高度な数学の能力を持つヴァルカン探求者たちにとって、打開策は明らかだった。皆、単純に計算を誤っていたのかもしれなかった。ヴァルカンの推定される軌道要素に関する仮定に不正確な部分があって、太陽面通過の計算が間違っていた可能性があった。プリンストン大学のスティーブン・アレクサンダーは米国科学アカデミーのほかの会員たちに、ヴァルカンの要素を再計算した結果、「単一もしくは複数の惑星が太陽から距離にして約二一〇〇万マイル（約三三八〇万キロメートル）のところを三十四日と十六時間の周期で回っている」はずだという結論に達したと告げた。言い換えれば、これまで探す場所か時間を間違っていた、というわけだ。ヴァルカンはなかなかつかまらない可能性はあるものの、存在しないわけではないということだった。

アレクサンダーの主張はハインリヒ・ウェーバー——今度は実際に熟練したプロの天文学者だ——が中国北東部から、一八七六年四月四日に暗い円形の物体が太陽面を通過するのを目撃したと報告したことで、裏付けられたように思えた。太陽黒点に詳しくヴァルカンが存在するという考えの熱烈な支持者であるルパート・ウォルフは、同僚が目撃したという話をパリに伝え、その際しばし自分の勝利をアピールした。「レスカルボーとウェーバーそれぞれの観測の間隔は」自分が何年も前に計算した「期間のちょうど一四八倍になる」とルヴェリエに告げたのだ。

この知らせはルヴェリエを魅了し——かつ、専門家以上に熱心な惑星探索者たちをさらに勢いづかせた。歴史家ロバート・フォンテンローズによれば、「望遠鏡のある者は皆ヴァルカンを探し、見つけた者もいた」。一時、アメリカの科学誌サイエンティフィック・アメリカンは熱心なことに新たな「発見」を逐一、大々的に発表した。ニュージャージー州の「B・B」からメリーランド州のサミュエル・ワイルド、サンベルナルディノのW・G・ライト、さらにはジョセフ・S・ハバード教授が「イエール・カレッジの望遠鏡でヴァルカンを見たと繰り返し断言していた」という聖職者の話として、すでにこの世にいない人物による目撃談まで引き合いに出した。その秋、どうやら郵便が配達されるたびに新たなヴァルカンが現れ続け、しまいにサイエンティフィック・アメリカンは音を上げて、一八七六年十二月十六日号をもって、そのような幸福な思い出話の掲載を完全に打ち切った。まるで一八五九年以降、ヴァルカンの問題はシーソーに乗っていたかのようだった。時折ヴァルカンを見たという者が現れ、計算も矛盾しないように思われて、ヴァルカン発見の期待が頂点に達する。ところが、その存在を検証するための手堅い試みによって期待はもろくも打ち砕かれる、という具合だ。当時、サイエンティフィック・アメリカンの編集部が目撃談の洪水にうんざりしていたにもかかわらず、シーソーは上向いていた――中国からの信頼できそうな報告と純然たる数字との間で、事によると空を見つめる人々の話の質との間で、ヴァルカンの問題は解決間近に思われた。

大衆メディアは間違いなくそう考えていた。一八七六年後半、産業技術誌マニュファクチュアラー＆ビルダーは「当社の天文学関連書を修正する必要がある。水星と太陽の間に惑星が存在することにもはや疑いの余地はない」と述べている。その秋、ニューヨーク・タイムズはさらに臆面もなく、ヘイズとティルデンが戦ったアメリカ大統領選挙の特集記事を中断して、水星軌道の内側に惑星が存在する可能性についてまだ疑念が残っているとしたら、もはや学者同士の嫉妬だけだろうと主張した。「『ヴァルカンは存在するかもしれない』と保守的な天文学者らは語る。『しかし〇〇教授は目にしたことがないと言っている……』」――同紙によれば、この手の主張は「我々対彼ら」という鼻持ちならない態度にほかならず、「彼らは天文学者特有の人を見下すような笑いを浮かべ、紅茶の飲み過ぎは想像力におかしないたずらを働くことがあると遠回しな言い方をするだろう」。

今そうした偉ぶった連中にツケが回ってこようとしている、と同紙は宣言した。なぜなら、ウェーバーの報告を受けて、大御所ユルバン＝ジャン＝ジョセフ・ルヴェリエその人が腰を上げたのだから、と。「いわば海神（ネプチューン）の存在を直感で嗅ぎつけ解き放つほどの人物が、たまたま通りかかったハエを実際の惑星と取り違えるはずがない。その張本人がヴァルカンを発見しただけでなく、その要素も計算ではじき出し、とりわけ探索している天文学者のためにヴァルカンが姿を現す太陽面通過のお膳立てをしたと断言している以上、議論の余地はない」と同紙は書いている。「ヴァルカンは存在する」と。

ニューヨーク・タイムズが正しく理解していたことが少なくとも一つある。数年間ほかの問題に気を取られていたルヴェリエが、再びヴァルカンについてじっくり考えるようになったのは確かだ。ウォルフの件でヴァルカン探索に対する情熱に火が付いたルヴェリエは、ヴァルカンの存在に影響しそうなあらゆるものの包括的な再検討に乗り出した。手始めに一八二〇年までさかのぼってヴァルカンを見たという主張の中から、同一の惑星の目撃例である可能性が最も高いと思われるものを一八〇二年から一八六二年にかけて五件特定した。それを基に、ヴァルカンの新たな理論を構築し、ニューヨーク・タイムズが非常に高く評価した予測まで行った――観測できる可能性のある太陽面通過は十月二日もしくは三日ではないかというものだった。

見出しを書く人々はがっかりしたことだろう。ヴァルカンは十月上旬に太陽面を通過しなかった。それ以上に混乱を招いたのは、中国からウェーバーが伝えた新事実が誤りだと分かったことだ。ウェーバーの「ヴァルカン」が太陽黒点にすぎないことがグリニッジ天文台で撮影された二枚の写真によってはっきりと示されたのである。サイエンティフィック・アメリカン誌はこれを最新の「発見」に対する「とどめの一撃」と呼んだが、このときもやはり本当の影響は破壊的というよりむしろ意気阻喪させるものだった。ルヴェリエの計算では、ウェーバーではなくそれ以前の観測におけるヴァルカンの軌道面の傾きが地球の軌道面に対して従来の仮定よりはるかに急であると考えれば、太陽面を通過しなかった理由を説明できた。かくしてルヴェリエはリスクを分散させた。一八七七年春にヴァルカンの太陽面通過が見られるかもしれないが、この頭の痛いずれを生じる惑星が取り得る軌道の全範囲を考えれば、次の太陽面通過まで五年以上かかるかもしれない、と。

その年の三月、太陽面通過は起きなかった。ルヴェリエはもう公の場でヴァルカンについて語ることはなかった。三月十一日に六十六歳になり、すっかり疲れ切っていた。月日が進むにつれて、アカデミーの週一回の会合に足を運ぶことも、毎日天文台に出勤することも難しくなっていった。休職が役に立ちそうに思えた――八月に復職した――が、疲労の影に本当の問題が潜んでいた。肝臓癌だった。

証拠を見る限り、ルヴェリエは信心深い人間ではなかった。六月下旬にはるかに敬虔なカトリック教徒だった同僚に促されて聖体を拝領したものの、それ以上は昔ながらの敬虔な行為というものを受け入れる気にはなれなかったようだ。夏が終わる頃には、自分の病を間違いようがなくなっていた。終わりが訪れたのは九月二十三日――若きヨハン・ゴットフリート・ガレがベルリンの夜空を探して海王星を発見してから四十一年後のことだった。

ルヴェリエは太陽系をより大きなものにして世を去った――ルヴェリエ以後、太陽系についての理解が進んだ、一方で、理解できていない部分も増えた。だがヴァルカンそのものについては――確かに、ニュートンの理論から予想されるほかのすべての天体の運動が十分説明できていることを思えば、星に非があるわけではなく、この謎だけ説くことのできない人間の側に問題があるのはまず間違いないと思われた。

7章　「探索を逃れ続けて」

一八七八年七月二十四日、ワイオミング州ローリンズ。

ニュージャージー州出身のその男は想像上の西部の話は聞いていたが、それと現実の西部を、少なくとも列車の車窓から見える範囲で比較できるのはこれが初めてのチャンスだった。小さな町へ向かい、町を走り抜けるユニオン・パシフィック鉄道でのローリンズへの旅で男が目にしたのは、これまでのところ観光客向けのフロンティアにすぎなかった。「当時のアメリカは相当ワイルドだった」と彼は書いている。「獲物はいくらでもいて、一日じゅう車窓から見ることができた。とくにレイヨウ（アンテロープ）はたくさん見かけた」

ホテルではアメリカのワイルドさがもう少し間近に迫ってきた。その夜、寝入っていた男と同室者は「雷鳴のようなノックの音で目が覚めた。ドアを開けるなり、西部風の格好をした背の高い二枚目が部屋に入ってきた」。一見したところ、その訪問者は、見たところ完全にしらふというわけではなさそうで、自分はテキサス・ジャックだと名乗った。ホテルのオーナーがやってきてジャックを静かにさせようとしたが、逆に痛めつけられてホールを跳ね回るはめになった。ジャックは冷静な口調で「自分は西部一の拳銃の名手だと説明し（中略）

やおら貨物駅の風向計を指さすと、コルト銃を取り出し、弾倉を回転させて窓越しに発砲し、命中させた」。

すわ殺人かとほかの宿泊客が大挙して部屋に押し寄せた。死体が見当たらなかったので、じきに静けさが戻り、くだんのテキサスっ子はとにかく話がしたいだけだということが明らかになった。朝になったら時間をつくると約束してようやくジャックをおとなしくさせ、二人の旅人はベッドに戻った。

それでもなかなか寝付けなかった。伝説の西部とこんな形で初めて本当に出合った二人は「相当怯えて」しまい、無理もないが「この対面の結果がどうなるか」不安を覚えていた。その後の展開も安心にはつながらず、二人とも「非常に神経質になってその夜は一睡もできなかった」ほどだった。翌朝、旅行者たちは、町ではテキサス・ジャックが「わんさかいる『悪党』の一人ではないと知って安堵した」。おかげでニュージャージーからやってきた旅人は、西部に来た目的に集中することができた。ローリンズでは一八七八年の大規模な日食を五日後に観測できそうとあって、よそから来た科学者たちが先を争って準備に取り掛かっていた。その中に、自分の最新の発明品をテストするためにやってきた男がいた。その男こそテキサス・ジャックが待ちきれないほど会いたがった人物、トーマス・エジソンだった。

一八七八年七月二十九日の日食のルートは、シベリアからベーリング海峡を越えてアラスカ州へ、そこから南下してカナダ西部を通過。アメリカに入るとロッキー山脈北部経由でワイオミング州を通り、南東に向かってメキシコ湾へ、最終的にハイチの東部・南部で終了した。日食の全段階――月が太陽表面を完全に隠し、うっすらとして切ないほど美しいコロナと、太陽の縁近くに存在する天体のかすかな影の両方が現れた時間――は最大で連続約三分十一秒、シベリアで見られた。* ローリンズでは皆既日食の時間はわずか二分五十六秒の見込みだったが、一つ非常に重要な強みがあった。十年前に開通した大陸横断鉄道がうまい具合に日食のルートに沿っており、おかげで天文学者たちはかさばって扱いづらい観測機器ともども、かつてない贅沢な車両で（願わくば）完璧な観測場所に向かうことができるというわけだった。

　贅沢というのは言い過ぎかもしれない。ワイオミング州は十年前にアメリカ領になったばかり――鉄道が開通したのも偶然ではなかった――で、当時もまだ相当な辺境の地であることに変わりはなかった。† ブラックヒルズ戦争――リトルビッグホーンの戦いが行われた――は前年終わったばかりで、一八七九年にはワイオミング州フォート・スティールに駐留していた部隊が、自分たちの土地に繰り返し侵入する白人に抗議するユート族の集団に攻撃を仕掛けることになる。この作戦でフォート・スティールの司令官は死亡する。前年の夏、日食

＊脚注＝これはそうした事象の場合、さほど印象的ではない。太陽と月の相対的な大きさ、地球と月が太陽を回る公転軌道と月が地球を回る公転軌道の両方の変動など、あらゆる変数を考慮すれば、考えられる日食の持続可能時間は最長で7分30秒である。日食はいつまでも見えるわけではない。地球と月に影響を及ぼす潮の干満によって地球と月との距離は広がっている――1年間に2.2センチメートルと非常にゆっくりしたペースだ。およそ14億年後には、月は遠く離れて見かけの大きさは太陽が隠れないほど小さくなる。地球と月との距離が広がっている件をかなり違う視点から捉えたものとしてはイタロ・カルヴィーノ著『レ・コスミコミケ』を参照。

後に休暇で狩りに出掛けたエジソンに同行した人物だった。

つまり、エジソンが少々神経質になっていたのも仕方ないことだった。エジソンを含め、安定した東部からやってくる人間にとって、ローリンズ周辺の乾ききった未開の大地は地図の最も端にあった。それが一週間ばかり、アメリカの天文学研究の聖地と化したのだ。連邦政府はワイオミング州からコロラド州、さらに南のテキサス州まで八か所に助成金を交付し、科学者たちが日食を追跡できるようにした。ローリンズ一帯には複数の調査隊が集中した。それはエジソンの場合と同じく、交通システムを利用して近代的な観測ツール一式を運べる範囲内で、皆既日食をまずまず長い時間観測できるためであった。彼らがこぞってローリンズにやってきた一番の理由は、太陽系の残されたミステリー――捉えがたいヴァルカンを見られるとしたら、ここ以外にないからだった。

医師から天文学者に転向し、天体写真家の先駆けでもあったヘンリー・ドレーパーは、ローリンズ最大の遠征隊を率いていた。エジソンはドレーパー隊に加わり、自分が発明した「タシメーター」なるものを試すという彼独自の目的を持っていた――それは高感度の赤外線測定器で、太陽のコロナのかすかな赤外線放射を探知できるかどうか確かめるためだった。同行者はノーマン・ロッキャー、おそらくドレーパー隊で最も有名な科学者だった。科学誌ネイチャーの創刊者で、分光学という新技術の草分け的存在だった。一八六八年、ロッキャー

†脚注＝もう1つ特筆すべきことがある。1868年に合衆国に組み込まれたワイオミング州は翌1869年にアメリカ領で初めて女性に投票権を与えた。

は太陽光のスペクトルの中に明るい黄色の帯域を発見、それがヘリウムの発見につながった——地球の外で、人類の手が触れていないものとしては初めてだった。それから、ある使命を帯びた男がいた。ジェームズ・クレイグ・ワトソンだ。デトロイト天文台の台長だったワトソンは過去二回の日食で小惑星二十あまりを発見したベテランだった。ワトソンがワイオミングに来た理由は単純だった。ヴァルカンだ。皆既日食で日中に暗くなる数分間は、天文学者なら誰もが承知しているとおり、水星軌道の内側に天体を探すには絶好のチャンスだった。

ワトソンには連れが——というより、ライバルがいた。ワシントンにあるアメリカ海軍天文台のサイモン・ニューカム、太陽系に関する卓越した分析でルヴェリエの跡を継ぐ者として名を上げつつある人物で、やはり狙いはヴァルカンだった。ニューカムはローリンズから西へ約五〇キロメートル足らずのクレストンに観測拠点を設けるつもりだったが、先遣隊が確認した結果、「予定地には強い西寄りの風が吹いていて、手っ取り早く観測機器を安定させる手立てがない」ことが分かった。問題は強風だけではなかった。細長いワイオミングの傾斜地は、ロッキー山脈で雨雲がさえぎられて乾燥した高地砂漠だった。それほど強くない風でも土埃が舞い上がり、日食は影絵と化してしまいかねなかった。

ニューカムの先遣隊は東へ、ユニオン・パシフィック鉄道の敷設用地に沿って、ローリンズのすぐ西に位置するグレートディバイド盆地に向かった。鉄道会社はシャイアンとララミーから大陸の頂点に向かう緩い斜面に数キロメートルおきに前哨地を設けていた。一つはローリンズとクレストンのほぼ中間、ごく小さな点だった。ユニオン・パシフィックの地図ではワイオミング州セパレーションと記されていた。

セパレーションは最盛期でもせいぜい電報局一つ、雑な造りの家が数軒と給水塔が一つある程度の町だった。現在かつてのセパレーション跡を探すには、州間高速道路八〇号線の南、ローリンズの二〇キロメートルあまり先に目を向けなければならない。今はもう何もなく、かつて人類がかろうじて定住生活を送っていたことを知るすべはない。だがその場所で、一八七八年にニューカムの先遣隊が「長さ四五メートルあまりの小さな平野があり、周囲より低く、南側と西側が、高さ三メートルほどの自然の胸壁のようにほぼ垂直に立っている」のを発見したのだ。サイモン・ニューカムは数日遅れで先遣隊と合流した。ニューカム隊全体では望遠鏡四基、うち一基は天体写真撮影用、もう一基

日食観測のためローリンズにやってきた人々（1878年7月）。右から2人目がトーマス・エジソン、6人目がジェームズ・クレイグ・ワトソン

はクロノメーター二つと共に、ヴァルカン探索専用に使われることになっていた。

一八七八年七月二十一日。

日食観測者たちにとって天候は心配の種だった。いつの時代も常にそうだ。セパレーションでは日が経つにつれて、あるパターンができていった。ワイオミング南部では午前中は快晴だが、午後、日食が起きる頃になると雲が増えてくるのだった。希望がないわけではなく、空が雲に覆われる時刻は日を追うごとに遅くなっていたが、それでも二十九日当日に何が起きるか分からなかった。

天候のほかにも、日食観測者たちは天文学のサドンデス的な性質を考えて悪夢に悩まされる。天文測定は管理された実験室のような環境や整備された天文台でも難しいものだ。セパレーションに集まった研究者たちは、かすかで、小さく、極めて不確実な観測対象を、標高約七〇〇〇フィート（二一五〇メートル）の平坦でない砂地に設置した繊細かつ複雑な機器で捉えようとした――それも三分足らずで万事きちんと準備して、だ。日食当日が近づくにつれて、ドレーパー隊とニューカム隊の内部では、ワイオミングの夏の風に備えて機器を固定したロープの結び目のように、緊張の糸が固く張り詰めていくのだった。

七月二十九日、未明。

その朝の最も有名な記述は地元日刊紙シャイアン・デイリー・サンの記事で、それによれば（今読むとトゲがあるが）空は「先住民お断りの昼食のテーブル並みに小ぎれいで清潔」だったという。レオポール・トルーヴェロはセパレーションから数キロメートル西の、かつては入植者が住んでいた小屋に自分の機材を設置しており、同紙の記事を裏付けている。二十九日未明、「太陽はアルカリ性の大平原の遥かな地平線にくっきりと輝く姿を現した。私たちの頭上に広がる空は雲一つなく澄みわたっていた」

そんな壮大な眺めは長くは続かなかった。午前八時に朝食をとっているとき、トルーヴェロと同じ隊の仲間たちは「気づくと自分たちも料理も砂と土埃にまみれていた。激しい風に煽られて、ありとあらゆる隙間や亀裂から吹き込んできたのだった」。セパレーションの天文学者たちも同じ憂き目に遭った。ニューカムの報告によれば、「昼前、西からこれまで経験したことのないような激しい強風が吹き始め、日食直前まで勢いを増していった」。空はあっという間に土埃に覆われ、ニューカムの言う「この忌まわしい暈」が太陽を取り囲んだ。正午には機材を保護するために天文学者たちが当てにしていた砂の胸壁が勢いを増す突風に耐えられないことが明らかになり、観測隊はフォート・スティールから兵士を駆り集めて鉄道の防雪柵を部分的に組み立てた。窮余の策はかろうじて功を奏した。防雪柵は「彼ら（兵士たち）が絶えず監視する必要があり、それでも一部は吹き飛ばされた」。

風との攻防が続いている間に、セパレーションの観測隊にローリンズから専用車両でやってきた新たな観測者二人が加わった。イギリス人のロッキャーが、ニューカムと共にヴァルカンを探索するワトソン教授と同様、ローリンズを離れることにしたのだ。どんなプレッシャーを感じていたにせよ、ニューカムは侵入者に対して丁重に対処しおおせた。自分の望遠鏡のそばにワトソンの望遠鏡を設置するよう勧め、思慮深さと寛大さを示した。そうしておけば、二人のうちどちらかが水星軌道の内側で惑星を捉えた場合、もう一人がすぐに確認できるというわけだ。

だが甘かった。日食はまったく容赦がなかった。一つ一つの手順に許されたチャンスは一回限り。作戦が複雑もしくは繊細であればあるほど、致命的なミスを犯す可能性が高くなる。最初に駄目になったのはニューカム自身の望遠鏡だった。あと十分で日食が始まるというときに、時計駆動装置が故障して「一度すっかり分解してしまわなければ使えない状態」になった――つまり、皆既日食で太陽がすっかり月の影に隠れるように完全に、というわけだ。ニューカムは時計駆動を断念し、手動での追尾に切り替えたが、強力すぎる接眼レンズを選んだせいで余計に大変だった。視野が非常に狭く、日食開始の正確な時刻を把握しづらかった。第一接触（月が太陽を隠し始める瞬間）は無情にも午後二時三分十六・四秒に訪れた。ニュ午後二時四十五分。皆既日食まで二十八分と数秒。

日食は不規則なリズムでダンスを踊る。第一接触は目撃した者の血を沸き立たせる。続いて起きることはすぐに退屈なものになる。月が第二接触にたどり着くまで、つまり皆既日食が始まるまで、約一時間かかる。その間は大部分、かすかな変化に終始する。太陽の半分が隠れても明るさは完全な円のときとそう変わらない。ゆっくりと幻想的な非現実性があたりを支配する。たとえば、部分日食の段階では樹冠はカメラ・オブスクラと化し、ピンホール現象によって、葉と葉の間から漏れてくる日差しの一つ一つが欠けた太陽の像を結び、無数の三日月形の木漏れ日となって輝く。

しかしたいてい、日食開始から最初の三十分ほどで本当に驚かされるのは、世界がいつもとほとんど変わらないように思えることだ――太陽を覗き見て、その顔に不気味な漆黒の曲線が走っているのを見るまでは。* 延々と続くかに思われた普段どおりの眺めが、皆既日食が近づくにつれて変わり始める。おそらく何より混乱を招くかもしれないが、色が変化し、周囲の景色が色あせていく。日没を思わせるものは何もない。むしろ、真昼に空から太陽の光が消える結果、まるで現実そのものに亀裂が走ったような感覚に襲われる。皆既日食に一秒近づくごとに、影響は強くなり、日食が視覚だけでなくほかの感覚にも強く訴えかけてくる。

＊脚注＝部分日食を肉眼や望遠鏡や双眼鏡で絶対に見ないこと。目を傷めて、最悪の場合は失明するおそれもある。日食を安全に見る方法についてはアメリカ航空宇宙局（NASA）のガイド http://eclipse.gsfc.nasa.gov/SEhelp/safety.html を参照、さらに詳しい情報については http://eclipse.gsfc.nasa.gov/SEhelp/safety2.html を参照。日食観測の DIY ガイドでお勧めのものについては http://www.exploratorium.edu/eclipse/how.html を参照。

日食観測のベテランはそうしたことに気を取られないコツを心得ている。三時十五分前、サイモン・ニューカムは観測写真を確認するための急ごしらえの暗室に駆け込んだ。そのまま皆既日食の三分間まで中にいた。三時十分頃に外に出てきたときには、奇妙さを増した空に目が慣れていた。その状態で、すでに自分の望遠鏡のそばに立っていたジェームズ・ワトソンの隣に陣取った。

別の一人は拍子をとって秒数を刻み、時計の分針が示す数字――第一、第二接触と皆既日食の始まり――を大声で叫んで、時刻を記録していた。ワトソンも居合わせた人々と同じように、自分の計画の予行演習をしていただろう。ワトソンは観測に慎重を期すタイプで、余計な野心は持つまいと考えていた。太陽の縁に沿った細長い部分だけを調べるつもりだった。「以前の経験から、こうした性格の作業では観測範囲を広げすぎないことに決めていた」という。空のそのあたりにある星は頭に入れていたが、それでも、見慣れた星を新発見と間違えないように、念には念を入れて、日食の間、星図をそばに置いていた。ヴァルカンが発見されるのを待っているなら、捕まえて連れ帰るためにやれることはすべてやっていたわけだ。

絵入り週刊紙ハーパーズ・ウィークリーの表紙。日食の奇妙さが驚くほど見事に描かれている

午後三時十三分三十四・二秒、皆既日食。

叫び声を聞くや、ジェームズ・ワトソンは太陽を視界の中央に据えた。そこから、ゆっくりと真東へ、くまなく探索していった。あらかじめ計画していたとおりに調べ尽くすと、望遠鏡の角度を一度下げて、今度は逆方向へ、それぞれ約八度の範囲を探索した。最初の探索では見慣れた星、かに座デルタ星に気づいた。再び太陽に視点を戻し、そこから西へ移動させた。かに座シータ星、かに座のもう一つの恒星が、望遠鏡の接眼レンズに滑り込んできた。そのとき、観測開始からまもなく、ワトソンは何か見慣れないものを見つけた。かに座シータ星と太陽の間で、「少し南に、四・五等星くらいの赤い星が見えた」と書いている。かに座シータ星より間違いなく明るく、「彗星がその位置にあるとすれば予想されるような、長く伸びて見える様子もなかった」。

その星はワトソンの星図にはなかった。新しい天体。尾はない。ということは水星ではない。見慣れない星が何なのか、残された可能性は尽きかけていた……

ワトソンはワイオミングに手製の装置を持参していた――厚紙に同心円を一組くっつけたもので、謎の天体を見つけたらその位置を書き込むためだった。未知の天体を「a」と記し、時間をメモして、再びレンズを覗き込んだ。角度を一度下げ、再び西へ丹念に調べていった。

サイモン・ニューカムが描いた、1878年の日食の際の太陽コロナ

先ほどとは別の見慣れない星が現れたが、第二接触から少なくとも二分は経過していた。ワトソンには選択肢があった。目印となる既知の星を探すか、あるいは、観測結果を急場しのぎの記録に付けるか。数秒が過ぎた。ワトソンは二つめの未知の天体の位置を「b」と走り書きした。

数メートル離れたところでは、ニューカムが日食の最初の一、二分ばかりを太陽コロナの観測に費やしていた――肉眼で見れば、空の太陽の直径の十倍の距離まで広がるぼんやりとした部分だ。ニューカムは明るい光線がさらにかすかな光を背に漏れてくるのを目にし、ひと息入れて、特徴を手早く書き留めた。それからすぐに第二の、ヴァルカンのための道具に移った。ニューカムは自分が直面している障害についてしっかり認識していた。「空は非常に明るく、かすかな物体は直接見つめない限り、簡単に見落としてしまいそうだった」。最初の調査で見つけたのは見慣れた星二組だけで、どれもニューカムの星図に明示されていた。さらに調べていくと、さらに多くの光の点が現れたが、「星図に記載がないものは一つもなかった」。皆既日食が終わりに近づいた頃、ニューカムは賭けに出て、「偶然何か見つかるかもしれないと考えて、探索範囲をだいぶ恣意的に広げた」。ぎりぎりのタイミングで姿を現したものがあった。皆既日食の最後の瞬間が過ぎ去ろうとしているなか、ニューカムはそれの位置を確定しようと望遠鏡を向けた。

午後三時十六分二十四・二秒。第三接触——皆既日食終了。

月が太陽面を過ぎ去り、世界が一変する。

何かがおかしい感じ、まるでまったく違う現実を垣間見たかのようだ——衣裳簞笥の開いた扉越しに見える長方形のナルニアの森や、キングスクロス駅の九番線と十番線の間にある秘密のホームに突如出現する特急列車みたいなものだ。続いて、三日月形の日差しが現れ、しだいに日の光に照らされた世界が戻ってくる。コロナが消え、皆既日食の間に見えていた星はみるみるかすんでいく。セパレーションのそばの高原に日差しが戻る頃、ワトソンの時間は尽きた。「b」の目印となる星は見つけられなかった。こうなったらせめて再現の手掛かりだけでもと、一縷の望みをかけてワトソンはニューカムのもとに走った。ニューカムが「日差しが強くなりすぎないうちに、私が最初に観測した見慣れない星の位置を特定できるかもしれないと考えたのだ」——つまり、かに座シータ星のそばの「a」である。

ニューカムは位置を特定できなかった。彼はまだ、自分が最後に太陽の北側を広い範囲にわたって調べたときに発見した物体の位置を確認していた。ワトソンは急いで自分の機材のところに戻った。駄目だった。もう自分が見つけた惑星候補を見分けることはできなかった。後日ニューカムは自分が見つけたのは結局見慣れた星だったと認め、次のように付け加えた。「言うまでもなく、自分自身のプロジェクトを放棄してワトソン教授のほうの位置を特定しなかったことが、今となっては実に悔やまれる」

ワトソンは気にしていないふうだった。ニューカムの協力が得られずとも、「a」について疑いは微塵も抱いていなかった。「かに座デルタ星付近で観測した星については確信があり、発見した旨を電報で通知した」という。地元週刊紙ララミー・ウィークリー・センティネルの記事のほうがやや興奮気味で、「ミシガン州アナーバーのワトソン教授は（中略）**ヴァルカン探索の大任を引き受け**」、ワイオミングの歴史に刻まれる昼下がりに「求めるものを発見した」と伝え、次のように続けている。「天文学者なら知ってのとおり、彗星や小惑星や惑星などの発見となればワトソンの独擅場だ」

ヴァルカン！　ルヴェリエが再び机上に惑星を呼び出してから二十年、ヴァルカンはついにその姿を現した。やや明るい、小さな赤い物体が、太陽の周囲を、紛れもなく水星軌道の内側を回っていた。ワトソンの発見を増強し、かつ、どうやら裏付けたのは、定評あるアマチュア天文家でコロラド州デンバー付近で日食を観測していたルイス・スウィフトによる二度目の発見だった。その知らせは世界を駆けめぐった。セパレーションで日食にかぶりついていたロッキャーはフランスとイギリスの国立天文台に打電した。イギリスのメディアは話に飛びついたが、ニューヨーク・タイムズはかろうじてジャーナリズムらしい節度を守った。同紙が最初に記事で取り上げたのは七月三十日、「ワトソン教授が四・五等級の水星外惑星（原文ママ）を発見……」という素っ気ないものだった。八月八日には、ヴァルカンをめぐるワトソンの主張を掲載。「太陽および隣り合う恒星を参照して位置を割り出すに当たっては、誤差の可能性をなくす方法を用いた」ので、「確信をもって水星軌道の内側にある惑星だと発表できる」というものだった。同紙は続いて八月十六日に目撃とその意義について長めの分析を掲載、「これが輝かしい発見の始まりとなるだろう（中略）時折不確かな痕跡を残すのみで、長らく探求者たちの手をすり抜けてきた惑星ヴァルカンが、ついに力尽きて捕まったらしい」と述べた。ワトソンとスウィフトの主張を支持するには少なくとももう一度目撃が確認される必要があることは認めつつも、明らかに熱の入った書き方だった。今回の発見は「科学の歴史において際立った位置を占める」ことになりそうだ、と。

なるほど慎重を期す必要はあり、同紙記者もそれは素直に認めている。「ニューカム、ホイーラー、ホールデンといった教授らが同様の機材を持って同じ場所に行き、何も発見しなかったというのは、確かに不本意で不可解な結果だ」しかしそう警告した後はすぐに強気に戻った。目撃されないことが「もう一方の肯定的な証拠に勝るということはほとんどあり得ない……」。そうした自信は見出しには向いていただろうが、記事はピントがずれてもいた。ワイオミングをはじめアメリカで皆既日食が観測できる細長い一帯で、空を見上げていた人々のなかで、ワトソンとスウィフトにははっきりと見えたものを目撃した人間は皆無に近かった。いったい誰を信じたらいいのか。

たちまち、ヴァルカンの目撃談が出るたびに交わされてきたのと同じ議論が繰り返されることになった。ワトソンのヴァルカンは新惑星なのか、それともただの誤認で、普通の天体がそれらしく見えただけだったなのか。ワトソンはどんな疑いをかけられても頑として認めなかった。「(aの)位置に関して不確実な点はない」と言い張り、自分は間違いなく「それとかに座シータ星の両方を目撃した」と主張した。自分以外に日食を観測していた人間で目撃した者は皆無に近かったことは少しも気にならなかったようで、それは無理もないことだった。ベテランで、高性能の望遠鏡に詳しい人間なら「あのような状況での探索がいかに不確実か分かる」だろうと書いている。確かにそのとおりだ。だとしても、それはヴァルカン探索のベテランなら聞き覚えのあるセリフだった。一人が目撃する。ところがほかには誰も目撃者がいない。今回もそうだった。

当初、ワトソンの同僚のほとんどは判断を保留するつもりでいた。ワトソンはプロの、しかも優秀な観測者だったから、そのワトソンの発見を一蹴するなど、天文学者たちは気が進まなかったのだ。それでも、同じ時間に望遠鏡を太陽に向けていた人々の中でほかには誰も目撃者がいないという状況の重さに、なかなか捕まらない惑星の最新の目撃談にどう対処すべきか、ほとんどの天文学者は戸惑っていたとしか言いようがない。

一方、相手が定評のある観測者だろうとお構いなしという人間も何人かいた。四十八の小惑星を発見し、小惑星探し競争ではワトソンの宿敵だったC・H・F・ピーターズは、この最新のヴァルカン候補に対して徹底的に反論した。ワトソンが初歩的なミスをいくつも犯したと非難したのだ。ピーターズはワトソンが位置特定に使った急ごしらえの装置に疑問を呈した。「a」の光度についてワトソンが信憑性の高い評価を下せたとは思えないと主張。問題の惑星候補が珍しく赤い色をしていた理由を説明した。ワトソンの手順はどれ一つとして綿密な吟味に耐えられず、ピーターズはにべもない、残酷といっていい結論に達した。「したがって、ワトソンが観測したのはかに座デルタ星とシータ星にほかならないことが、誰であれ偏見のない考えの持ち主には一目瞭然である」

ピーターズの報告書は嘲りに満ちており、それに対するワトソンの反応は公式な抗弁と怒りとがない交ぜになっていた。「私の観測の整合性に関するピーターズ教授の攻撃はまったく取るに足りない。彼が指摘するミスは彼の想像の産物にすぎないのだから」と主張し、次のように続けている。「私はこうした問題についていかなる議論にも加わるつもりはない。ましてや相手が観測の際に二〇〇〇マイル離れたところにいたとあってはなおさらだ」。公式には、ワトソンの同僚たちも中途半端ながらワトソンを支持した。科学誌ネイチャーの論評はピーターズの論調をたしなめた。「ピーターズ教授の批判には一貫して（中略）避けられたであろう一種の敵意がある」。なるほど結構、だが一見ピーターズとワトソンの争いに中立の立場を取っているようでいて、実はネイチャーの論評はさりげなく自身の判定を明確にしている。「あえて言えば、ワトソン教授の発表を最初に読んだときの天文学者の間の一般的な感情は（中略）［自分なら］それが真実だという確信がない限り、そんな発言をして自分の研究者としての評判を危うくしたりはしない、というものだ」そして次のように結ばれている。「でなければ、既知の恒星二つが、並行かそれに近い形で存在し、そこから西へ赤緯一度足らずの位置に新惑星が存在するという事実は、おそらく発見の現実味に対するほとんど致命的な反論のように感じられただろう」

そうした慎重な言葉遣いにくるまれてダメージは緩和されたものの、要点は明確だった。ピーターズは粗野なろくでなしかもしれないが、天文学者の間で急速にコンセンサスになりつつあったことを口にしたのだ。つまり「a」と「b」は「既知の恒星二つ」にすぎず、日食をめぐる大騒ぎのさなかに誤認され、一時の興奮で見境なく吹聴され、欲望ゆえに、そこに存在すべきものを現実にしなければという切迫感ゆえに、そのままにされたのだ、と。もちろん、ワトソンは同意しなかった。ヴァルカンを発見したという主張を決して撤回しようとしなかったが、彼に残された時間はわずかだった。一八八〇年秋、突然の感染症に倒れ、十一月二十三日に世を去った。四十二歳だった。

ワトソンが静かになって、これで今まで大きな声では言えなかったことを自由に口にできると感じたのは、執念深いピーターズだけではなかった。またしてもいつものパターンだった。ヴァルカンは存在しなければならないと信じて探すときだけ発見され、それを裏付けようとしても決して発見されなかった。天文学者たちのコンセンサスはみるみる強固なものになっていった。ジェームズ・ワトソンは自分が見たいと焦がれたものを見たのだ。ワトソンの「ヴァルカン」は見間違いにすぎなかった。

ヴァルカンが太陽系の仲間入りを果たしてからほぼ二十年。一八七八年の日食はその追放の合図となった。一八八〇年代には古くからの警句が逆転。証拠の不在が積もり積もって、ついに（ほとんどの人間にとって）実際に不在の証拠と化したのである。

一八七八年七月二十九日、夕刻。

トーマス・エジソンは実験が失敗したことをほぼ即座に自覚した。彼のタシメーターは感度不足で太陽コロナの赤外線放射を検知できなかった。それでもエジソンはしょげなかった。この西部への旅は、本人が報道陣に語ったところでは、十六年ぶりの休暇で、何があろうと楽しむつもりでいた。

もてなす側は有名な訪問客にぜひとも楽しんでもらおうと躍起だったが、エジソンに自分の立場について勘違いさせるような真似をする者はいなかった。エジソンはあくまでも新参者だった。日食後に一日かそこら、エジソンは西部のユーモアを味わった。数人の連れと一緒に鉄道を使ってセパレーションまで出かけた。ひょっとしたら現地の動物を何か仕留められるかもしれないと思い、自前のウィンチェスターライフルも荷物に入れた。駅で、旅人たちは駅長のジョン・ジャクソン・クラークに迎えられた。クラークは客人たちのアウトドアスキルにさほど感銘を受けなかったようで、「狩りについての彼らの知識をみんな合わせて、視差とスペクトラムについての私の知識にほぼ匹敵する」と記している。とにもかくにも勇猛なハンターたちは狩りに出かけ、その夜、一人また一人と帰ってきたが、最終的な戦果はアメリカチョウゲンボウ一羽きりだった。

最初に駅に戻ってきたのはエジソンで、このあたりでほかに仕留め甲斐のある獲物はいるかと尋ねた。クラークは周囲の平原にジャックウサギがたくさんいると答えた。「地元の人間はナローゲージ・ミュール（訳注　幅の狭いレールを走る小型機関車）と呼んでますが」。どこに行けば見つかるかと訊かれて、クラークは「西の方角を指差し、低木地帯の中の見通しの利くところにウサギが一羽いるのに気づき、ほら、あそこにいますよ、と答えた」という。

その影をエジソンはホームから確認できたものの、確実に仕留めたがった。「慎重に五十メートル足らずの距離まで近づいて、銃で撃った」

動物は動かなかった。三十メートル足らずまで近づいた。もう一度撃った。獲物は跳ねなかった。エジソンは狙いを定め、引き金を引き、続けてもう一度引いた。狙った獲物はぴくりともしなかった。

エジソンが肩越しに後ろを振り返ると、駅員全員が集まって見物していた。

そこで合点がいった。

エジソンはまんまとしてやられた、担がれたのだ。標的は確かに耳と足ばかり大きくて、見たところいかにも荒地に棲むウサギらしかった。いかにもそんなエキゾチックな生き物がいそうな場所にいた。しかし……

天才トーマス・エジソンがたった今仕留めたのは……ジャックウサギの剝製だった。実にリアルに思えたのだが。

一八七八年の日食以降、ヴァルカンは、二十一世紀の比喩を借りれば、一種のシュレーディンガーの惑星と化した。有名なシュレーディンガーの猫と同様、実際に探す者がいない限り、水星軌道の内側の物体はまったく理に適っているため、いわば潜在的に実在するような状態だった。それは存在すると同時に存在せず、姿を見せると同時に姿を見せず、論理的には必然でありながら不在だった。

困った問題は言うまでもなく未解決だった。水星は相変わらず不規則な振る舞いをしていた。サイモン・ニューカムは十九世紀の太陽研究の徒の中で最も権威ある人物だった。一八八二年、ニューカムはルヴェリエの計算をやり直し、水星軌道の近日点移動がルヴェリエがはじき出した数値をわずかに上回ることを証明した。しかしワイオミング州での日食をめぐるドラマは、天文学者たちにほとんど選択肢を残さなかった。ヴァルカンは、単一の惑星を想定するにせよ、小惑星群を想定するにせよ、もはや水星軌道の異常の原因とは考えにくかった。では、どうすればいいのか。

あるべきものが姿を見せないことは科学では珍しくない。理論は予測する。それが理論の仕事だ。ニュートンと共謀者たちが自然を数学に従属させてからというもの、これは方程式の解を物理現象として解釈できることを意味するようになった。ある数式で表されるものは、それに対応する現実界の現象が見つからない限り、予測にすぎない。天王星の理論からは海王星が発見された。水星の理論からは……当然、ヴァルカンが発見されるだろう。

とはいえ、予測に対応するものが自然界で見つからない場合はどうなるのか。これは常に科学における問題となっている。最近の例で言えば、半世紀にわたっていわゆるヒッグス粒子と呼ばれているものをめぐる謎があった。ヒッグス粒子とは素粒子、言い換えればエネルギーの可能な限り小さな変化で、波のようなものだと解釈することもできる。ヒッグス粒子の概念は一九六〇年代半ばに今でいう素粒子物理学の標準理論の一環として初めて提示された。標準理論とは現実を構成する素粒子の属性を説明する理論である。[*] 標準理論の枠組みの中で、ヒッグス粒子はある種の素粒子が見かけの質量を獲得することを説明する粒子である。

それから数十年、標準理論は桁違いの成功を収め、その予測は小数点以下の計測可能な下限まで一致するほど正確だった。ただしヒッグス粒子は違った——姿を見せることを頑なに拒んだ。

＊脚注＝素粒子とはそれ以上細かくできないものをいう。素粒子の例としてはほかに光子がある——光子とは量子であり、電磁エネルギーに伴う光をそれ以上分けられないところまで細かくしたもの。

ヒッグス粒子がついに観測されたのは二〇一二年と二〇一三年、大型ハドロン衝突型加速器（LHC）が建設され、それまでの装置では観測不可能だった領域を覗くことができるようになってからだった。LHCがデータをはじき出すようになるまでは、この装置が生み出せるエネルギーの中に実際にヒッグス粒子が姿を現すかどうかはまったく分からなかった。

仮にLHCでヒッグス粒子が見つからなかったとしたら、一八七八年以降ヴァルカンが突き付けているように思えた（誰も取り組まなかったが）問題にそのまま結び付いていただろう――何か解答を必要とする文脈において理論が予測する結果を見つけられないために、深遠で（理論物理学者にとっては）極めて刺激的な問題を提起することになっただろう。

それはヒッグス粒子だけに限ったことではない。たとえば、私たちの宇宙が誕生したときに何が起きたかについても多くの謎が残っている。観測できないように思える時代とプロセスについて、実は非常に多くのことが発見されてきた。それはビッグバン――無のように見える状態*からの、空間と時間、物質とエネルギーの爆発的出現――が残した光の名残である宇宙マイクロ波背景放射（CMB）のおかげだ。CMBは（ヒッグス粒子の概念が初めて提示されたのと同じ）一九六四年に一様な弱いマイクロ波として発見され、新しいことを観測するチャンスを提供した。そのマイクロ波の輝きをビッグバンのプロセスそのものまでさか

*脚注＝現在の理論では偽（ぎ）の真空と呼ばれる状態。偽の真空とは本当に何も現象が起きていないように見えるが、量子力学の作用によって、一見何も無いところから、原子より小さい亜原子粒子やエネルギー変動が生じている。

のぼることによって、ごく初期の宇宙の詳細な性質を観測することができるのだ。

以来、数十年、宇宙論とかつてないほど詳細な観測がお互いにせめぎ合って、初期の宇宙についていていろいろ重要なことが分かってきた。その結果、CMBのどんな特徴をよく見ればきちんとした予測ができるのかが分かってきた。たとえば、私たちの周囲を見回すだけで、現在の宇宙は物質が集まってできた星や銀河や銀河群、およびその間にある大部分空っぽの空間の、大きな寄せ集めだということが明らかになっている。私たちが今目にしているものは、CMBも凝縮するはずだということ、マイクロ波の宇宙図のどこかにほかの部分よりも少しばかり明るく輝く部分があるはずだということを暗示している。周囲に比べて温度が高く、わずかに物質が豊富で最終的には銀河群に成長し得る区域だ。

しかしマイクロ波の空の初期調査は、まったく均一で空っぽの輝きを示した。もしもそれがすべてなら、そんな特徴のない初期宇宙は私たちが現在知っている宇宙とは相いれないように思えるだろう――その結果、宇宙論者が宇宙論的進化について知っているつもりでいたことは間違いだったと暗示することになるだろう。

そんな状況が三十年近く続いたが、一九八九年に専用望遠鏡が地球軌道に向けて打ち上げられた。一九九三年にはその望遠鏡が捉えた光子が明暗の広範なパターンを正確に明らかにした――銀河団の原初の「種」を初めて、ピンぼけながら垣間見たのだった。現代の宇宙ではっきり観測された事実に基づく予測があり、多大な努力によって、真実だと証明された。以来、ＣＭＢの研究の精度は増す一方で、それにつれて誕生まもない宇宙を現在のような姿に変えた事象をますます詳細に明らかにしてきた。同時に、理論家はＣＭＢの観測がさらに向上した際に検証されるであろう予測を相次いで立ててきた。一九八〇年代に他に先駆けて提案されたのは、私たちの宇宙が誕生直後にインフレーションと呼ばれる状態を経験し、その間に宇宙そのものが猛烈なペースで広がった――大爆発（ビッグバン）そのものの爆発（バン）だと、この概念の生みの親の一人であるアラン・グースは言う。三十年あまり、観測者たちはインフレーションと一致する結果を生み出してきたが、増え続ける証拠にもかかわらず、未解決の問題は残っていた。

風向きが変わる気配が感じられたのは二〇一四年、研究者たちがビッグバン理論のある重要な予測をクローズアップしたときだ。その予測とは急激なインフレーションが重力波なるものを生み出すというもの。重力波は重力場の波で特定の（非常にかすかな）特徴を示し、そうした特徴がＣＭＢの中に探知できる可能性があった。この考えには複数のバージョンがあり、それぞれ予測する兆候がいくらか異なる。一部のバージョンによれば、そうした原始の重力波がＣＭＢにマイクロ波を背景にした特殊な偏光（Ｂモード）という固有の痕跡を残す――したがって、膨張する宇宙の広大かつ急速な猛々しさと、現在のより落ちついた宇宙との初めての明確な関連性が明らかになるという。そうした効果が見つかれば、観測は大詰めだ――私たちの宇宙が本当に膨張しているという決定的証拠になるだろう。

それを突き止めるべく、ある研究チームは南極点に観測装置を設置した。マイクロ波電波望遠鏡BICEP2（Background Imaging of Cosmic Extragalactic Polarization 2）は二〇一〇年から取り掛かっていた偏光のデータ収集を開始。観測チームは二年間観測を続けた後、収集したデータの本格的な分析に取り掛かった。分析は慎重さを要し困難を極め、その結果に多くのものが懸っていたので、研究者たちは正確さを期すため考えられる限りの予防策を講じた。研究チームが意見を公表したのは二〇一四年三月十七日。ＣＭＢに五・九シグマのＢモード偏光とおぼしきものが観測され、発見と呼んでもいいとされている頻度――偶然だとしたら三百五十万分の一回しか起こらない――をはるかに上回っていた。

胸躍る瞬間だった。分析結果は世界中でトップニュースになった。インフレーション理論の生みの親の一人は感動のあまり涙した。研究者にとってもアマチュア天文家にとっても贈り物――存在に関する最大規模の、美しく、見慣れない、新たに明らかになった何かだった。そこには遠い残響が、一六八七年に『プリンキピア』初版を最初に手にしたごく一握りの人々が感じたに違いないものと響き合うものがあった。それは一種息をのむような興奮、人類の頭脳がそのような信じがたいほど深遠な神秘を見透かせることへの純然たる驚嘆だった。インフレーションの解釈で最も説得力があるのは、私たちの宇宙が単一ではなく、無数の島宇宙の一つであり、広大な多元宇宙（マルチバース）にある小さな村だというものだ。なんという発想！　朗報を耳にして大の男が涙にむせぶのも無理はない。

最先端テクノロジーを使っての観測は常に厄介だ。ヴァルカンの「発見」はその都度、確かな知見に基づく精査の対象となった。BICEPチームが収集したデータの中に見つけたわずかな変動、インフレーションの重力波の痕跡だと彼らが主張したものも、同じ運命をたどった。分析結果に対する疑問は数週間足らずで疑念となり、外部の科学者たちは前景にあるちり――私たちの銀河系のような銀河にはごく普通に存在する宇宙ゴミの問題を追及した。夏が終わる頃には、近くにあるそうしたちりによる偏光放射でBICEPの収集したデータにみられる偏光はすべて説明できる可能性が明らかになった。惑星なのか黒点なのか。多元宇宙なのか星のゴミなのか。

水星はいまだに歳差運動を続けており、宇宙は多くの点であたかもインフレーション理論が正しいかのように振る舞っているが、二〇一五年前半には、BICEP2の観測結果を検証する試みによって、宇宙ゴミの複雑な役割を考えれば、明確な答えを出すのは不可能だという ことが裏付けられた。一八七八年と同様、謎は残っている。私たちのこの宇宙が誕生するときに何が起きたのか、まだ分かっていない。それでも、現在時空の波を探している人々と、一八七八年の日食の後にヴァルカン探索を断念した人々との間には、一つ重要な違いがある。現在までに分かっているのは、BICEP2の結果にはＣＭＢに残る膨張の痕跡について信頼できる観測結果は含まれていないということだ。だからといって、そうした痕跡が存在しないということには（まだ）ならない。ＣＭＢをより正確に観測するための複数の試みが早くも行われている。そうした観測の結果は、予測された重力波が実際にマイクロ波の中に現れるかどうかという問題に蹴りをつける可能性が高く、万一、期待どおりの偏光が見つからなかった場合でも、数あるインフレーション理論の中には、ビッグバンのいにしえの輝きの中に重力波の痕跡があることを必要としないものもある。

だが仮に現在の万物に見られる特徴を何らかのインフレーション理論で説明できるとしても、それで一件落着したわけではない。宇宙は違う見方を提示する可能性もある。

予測と観測の大きな隔たりは常にお決まりの問いを投げかける。どうすれば、かつてはうまくいっていた考えを放棄するよう、科学を、科学者を最終的に説得できるのか。いつ「ノー」という答えを受け入れるのか。そうした問いに対して、科学界は昔から決まってこう答えてきた——今すぐだ。あるいは少なくとも、確証が得られ次第だ。一九六三年の公開講義でリチャード・ファインマンは、科学とは単に「物事を見つけ出す特別な方法」だと言った。とはいえ何が科学を特別にするのか。それは答えを確認もしくは否定する方法だという。「観測が決断を下す」——観測のみが「何かが事実かそうでないかについて」決断を下すのだ。「科学的手法」という言葉には不思議な力がある。控えめに言っても、ある種の権威付けをする。そこには系統立ったアプローチ、一定のルールがあり、それに沿っていけば物質世界についての理解が信頼できる形で進む、というわけだ。しかしそうした知識は常にかりそめのもので、それは科学の弱みに思えるが、実は強みなのだ。発想と総括と仮定はその都度、質疑と異議と反論にさらされる。

科学的手法は普通そのようにして教え込まれる。高校生は皆、ファインマンの説明に何らかの形で遭遇する。科学のプロセスは決められたレールの上を走っていく。まず「仮説を立て」て「実験」(もしくは観測)し、それから「結果を分析」して「結論を導き出す」。結果が当初の仮説を裏付けることができなければ、最初からやり直しだ。

だとすれば、科学的手法は一種の知的な押し出し成型機のように見なすこともできる。調節つまみの目盛りを的確な問いに合わせ、投入口からデータを投入し、反対側から知識を取り出す。一番のポイントは、結果が現実に一致しなければ、その場合は最初に戻って、調節つまみの目盛りを変えて、もう一度やってみる。

これは漫画じみた、科学といったらコーラにメントスを入れて噴火させる「実験」くらいしかやったことのない子供向けに誇張した話でもない。より高度な概念やアプローチに進んでいく人たちに対しても、同じ内容のメッセージがもっと格式ばった言葉で伝えられる。大学生を対象とする典型的な「科学的手法の手引き」には次のように書いてある。「科学的手法において、仮説の予測が実験結果と明白かつ繰り返し矛盾する場合、その仮説は撤回されなければならない……」――サイエンスフェアの出場者が受ける説明とまったく同じと言っていいくらいだ。だが手引きの説明はしだいにファインマンの指摘と同じ響きを帯びてくる。「ある理論がどんなにエレガントでも、自然の有効な説明と確信するには、その理論の仮説が実験結果と合致しなければならない。物理学を含めて実験科学においては、『実験がすべてに優先する』」

言い換えれば、長いこと待ち望んでいる結果が実現しなければ、苦境に陥るのは一つの予測だけではない。一段と精度を増したCMB観測でも重力波が観測されない場合、重力波を前提とする膨張理論はいずれ困ったことになる。大筋その線で行けば、かつてヴァルカンが何十年もの間姿を現さなかったとき、科学革命の象徴であるアイザック・ニュートンの重力理論にどう対処すべきだったのか。

科学的手法についての神話では、次にやるべきことは一つだった。「実験がすべてに優先する」……「観測が決断を下す」これは自明の理だと、私たちは考えている。自然の厳しい試練は何よりも大切にされ、数々の戦いを生き抜いてきた概念をも打倒する、と。

歴史はそのとおりに振る舞っているだろうか。人類はどうだろう。

いや、現実と神話は違うものだ。

一八七八年七月を境に、天文学界のほぼ誰もが、太陽と水星の間に感知できる大きさの単一もしくは複数の惑星が存在するという考えを放棄した。しかしその幅広い合意も、ニュートンの重力理論の根本的見直しにはつながらなかった。

それどころか、研究者の中には、水星の運動をその場しのぎの説明で片付けて、重力理論の核心を救おうとする者までいた。科学史家N・T・ローズベルは彼らの苦闘を大きく二つに分類している。サイモン・ニューカムは水星軌道を再計算したのに続いて、惑星ではなく「物質」が存在する可能性を検討した――ヴァルカンと同じような説で、何らかの十分な理由があって探知されないが、近日点移動を引き起こすだけの引力を生じさせる可能性のある物質を見つけることがカギを握っていた。ニューカムはヴァルカンそのものは明らかに反証されたとみていたが、ヴァルカン以上に捉えにくい原因の数々をリストアップした。たとえば、太陽が扁球——中央が膨らんでいる——で物質の分布が均一でないとしたら、問題は解決できるかもしれない。しかし、太陽の観測記録を見る限り太陽はほぼ完全な球体だった(現在もそうだ)。ほかの案——土星の環のような物質の環や、太陽付近にあるようなちり——もさまざまな反論の前に屈した。十年あまり考えた末に、ニューカムは受け入れたくないが受け入れざるを得ない結論に達した。逆二乗の法則の枠組みの中では、水星の運動を説明できる物質を太陽付近で発見できる可能性はない、というものだった。

科学が実際に科学者が言うとおりのものだとしたら、それをもってニュートンの重力理論はお払い箱になっていたはずだ。知識の探求の神話版においては、ニューカムが下した評決——現在の理論では説明できない執拗で頑なな異常さがある——は研究者たちにニュートンの理論を「自然の説明として有効」とみなすことを見直すよう迫った。

どんな神話にも深遠な真実をうかがわせるものが一つくらいはあって、物質ベースの考え方が否定された結果、ニュートンの重力理論はいくばくかの精査を受けた。ある天文学者は、ニュートンの法則が近似値にすぎない可能性を示唆した。重力は質量に左右され、距離の二乗……正確には二・〇〇〇〇〇〇一五七四乗に反比例するという。その場合、水星の運動は数式と完全に一致するが、いくつか明らかな反論があった。一つはややこしすぎるというものだった。なぜ重力の逆数がそこまで整数に近い値を「選択」し、そのくせぴったり二乗に落ちつこうとしないのか。

なるほど、自然はときとしてとにかくそういうもので、気まぐれであると同時にすっきりしない感じがつきまとうこともある。いまだに大小の基本理論には、観測によって決められた数値がいくつかある。なかには二・〇〇〇〇〇〇一五七四乗の法則に負けず劣らず——あるいはそれ以上に——変な数値もある。たとえば、微細構造定数（電子など電荷を帯びた粒子の相互作用の強さを表す定数）は観測によって$7.2973525698 \times 10^{-3}$とされている。なぜこの値でなければならないのかは、どんな理論でも一切説明がない。とにかくそれが宇宙のやり方なのだ。一方、リチャード・ファインマンに言わせれば、こんなものは悪趣味だった。「善良な理論物理学者は皆、この数値を壁に貼り出し、懸念している（中略）これは物理学の最も忌まわしき謎の一つ、人間には到底理解し得ない魔法の数字だ」

それでも、簡潔さ、エレガンス、そして何より一貫性は、何の保証にもならないとしても、論理的洞察をもたらす一時しのぎの方策としてはなかなかのものだった。「逆二乗ぴったりではない法則」はあまりに不格好で、まじめに受け取る研究者はほとんどいなかった。一八九〇年代にこの法則で水星の運動は説明できても、地球の月の運動は説明できないことが証明されると、結局姿を消した。

ニュートンの理論をいじろうとする試みはさらに続いた。典型的な逆二乗の法則に別の言葉を加えて、理論を自然により合致させせようとする者もいれば、天体の移動速度が引力を変化させる可能性を探ろうとする者もいた。しかしどの考え方も物理学者や天文学者の十分な支持は得られず、さまざまな致命的欠陥のせいで崩れるはめになる。

二十世紀が幕を開ける頃には、ほとんどの研究者がお手上げ状態だった。水星の振る舞いは依然として説明がつかなかったが、気にする者はいないようだった。新たに考えるべきことがいくらでもあった。X線と放射能が原子の帝国を切り開いていた。マックス・プランクが躍起になって創始した量子論はエネルギーと物質の基本性質の研究を変えようとしていた。(真空では)光の速さが真に一定であることを確かめるための数十年に及ぶ取り組みが、極端な速度は非常に興味深い効果を生む可能性を示唆し始めていた。一九〇〇年のパリ万国博覧会では、歴史家のヘンリー・アダムズが、電気の新たな科学を実際に応用した展示に舌を巻いた。一九〇三年にはライト兄弟がノースカロライナ州のビーチで実験を行い、長年物理学者を悩ませてきた難問(空気抵抗など)が文字どおり生死にかかわる重要性を帯びる時代の到来を告げることになる。

その間終始、古き良きニュートン理論は非常にうまくいっていた。運動法則は現実界の経験をほぼ完璧に説明し、水星が少しばかり(本当に少し、百年に数秒角だ!)やんちゃをしても、それ以外の彗星や木星や木から落ちるリンゴなどは皆、『プリンキピア』に記された法則におとなしく従っていた。

新たな時代の混沌と古い時代の理論の優秀さとがせめぎ合う中で、当のヴァルカンはほとんど忘れ去られた当惑の種、物理学の屋根裏に押しやられた厄介者と化していった。天井に向かってわめきながら、うずくまっていた（というよりむしろ、いなかった）。その声は誰にも届かないようだった。水星の近日点は相変わらず移動していた。事実と説明との間には依然として隔たりがあった。

そんな状況がやがて変わることになる——だがそれはスイスで一人の青年が何かまったく別のことを、惑星と概念のどんな対立とも無関係なことを、考え始めてからの話だ。青年の脳裏にある問いが浮かんだ。それをここでは次のように言い換えてもいい。ある地点から別の地点まで、たとえば太陽から地球まで、重力はいかにして伝わるのか。しかし一九〇七年秋の昼下がり、ベルンの特許庁の最上階にあるオフィスで窓の外を眺めた青年にひらめきを与えたのは、別の光景だった。

PART THREE

（パート3）ヴァルカンからアインシュタインまで（一九〇五年～一九一五年）

VULCAN TO EINSTEIN

(1905-1915)

一九〇七年十一月。

アルベルト・アインシュタインは常に勤勉な職員だった。一九〇二年に物理学の学位を取得して卒業したばかりでまだ職に就いていなかった彼をスイス特許庁が思い切って採用してからというもの、公務員の鑑だった。一九〇五年、アインシュタインはのちに彼の奇跡の年（アヌス・ミラビリス）――実際には六か月だけだったが――と呼ばれるものを経験し、当時は本当の重要性があまり理解されていなかったが、二十世紀の物理における革命の基礎を築いた。彼はそれからほとんど間を置かずに変貌を遂げた。それまではあくまでもアマチュアで、特許庁のデスクで暇を盗んで計算していたのが、国際物理の最高レベルに全面的に参加する身となった。しかし、その後もアインシュタインは役所勤めを続けていた。一九〇六年、技術審査官二級に昇進――間違いなくヨーロッパで最も有名な特許庁職員だった。

それでもアインシュタインは仕事をこなした。それもきちんと、一日の報酬に対して極めて有能な仕事ぶりだった。回ってくる書類や図面に目を通した。評価を記入し、発明のための法的枠組みを維持するべく自分の職務を果たした。とはいえ、つい、ちょくちょく仕事の手を休めて、本当に心動かされるものについて考えてしまうのだった。一九〇七年のある日も、いつの間にか窓の外を見つめていた。通りの向こうで、男が一人、屋根に上って何か修理していた。アインシュタインはその男が不運にも突然足を滑らせて、屋根から滑り落ちる姿を想像し――のちに「私の人生で最も幸せな考え」と呼ぶようになるひらめきを得た。「一人の男が自由落下（訳注　空気の摩擦や抵抗を受けずに重力のみによって落下すること）すれば、本人は自分の体重を感じない」というものだった。

男が墜落死する様子を想像するなんて誰にとっても気分のいいものではないと思えるだろう。油断のならない屋根にしても、太陽の縁とヴァルカンがさすらっていると考えられていた領域からは相当かけ離れていた。だとしても、屋根の上でその名もなき労働者は、通りの向こうでどんな想像がめぐらされているかを知る由もなく、未発見の惑星の運命を決するカギとなる役割を、やはりそうとは知らずに果たそうとしていた。

もちろん、このときの最初のひらめきだけが将来の成果に結実したわけではなかった。アインシュタインの最大の発見は、一九〇五年前半に信じ難いほど次々と研究成果を発表した時期の、ある発見がベースになっている。当時アインシュタインは理論物理学の広範囲にわたる四本の論文を書き上げていた。最初の論文は光電効果と呼ばれる現象に関するもので意外なほど狭い領域についての研究報告だった。この現象が最初に発見されたのは一八八七年。その後十九世紀から二十世紀への変わり目に、偉大な実験主義者（にして反ユダヤ主義者）フィリップ・レーナルトの研究成果をとおして、よりよく捉えられた。レーナルトは金属に当たる電磁放射――光――の強さを変えるとどのようなことが起きるかを調べた。光を一面の波と捉えるマクスウェルの説に基づけば、波が大きい（光が明るい）ほど電子に伝わるエネルギーが大きくなるはずだった。しかしレーナルトが発見したのは、光の明暗で生じる電流の量――発生する電子の数――は変化するが、個々の電子が金属表面から離れる際のエネルギーには影響しないということだった。金属から飛び出す電子のエネルギーの違いは光の色、つまり振動数や波長のみの違いによるものだった。たとえば紫外線放射は波長が長くなる場合――つまり振動数のより低い、目に見える色の場合よりも大きいエネルギーを電子に与える。レーナルトは複数の実験でノーベル賞を受賞したが、理論と観測のこうした不一致を説明できなかった。それを一九〇五年に成し遂げたのが、正式な訓練としては大学で物理学の学士号を取得しただけのアインシュタインだった。

仮に、光を単なる波ではなく、一種の粒子、光の量子――現在は光子と呼ばれているもの――と理解することができるとしたら。その物理学的直感を皮切りに、レーナルトの実験を解釈することは（簡単ではなかったが）シンプルになった。光が粒子でできているとしたら、光子の数が増えれば（光が増えれば）電子の流れが――観測どおり――増えることになる。しかしそれぞれの電子に伝わるエネルギーは、金属に当たる粒子の総数ではなく光子のエネルギーに左右される。アインシュタインが自分の方程式で光を量子として表した途端、計算結果はレーナルトの結果を再現し……量子力学という、二十一世紀の日常生活のあらゆる面と切っても切り離せない一連の考えの基礎を築くのに貢献した。*

それは三月のことだった。四月には原子と分子の存在とそれぞれの大きさを証明した。それは統計物理学の実践として今なお一九〇五年のアインシュタインの論文の中で最も頻繁に引き合いに出され、絵の具の調合から、空が青い理由についてのアインシュタイン本人の決定的な説明まで、多岐にわたって応用されている。

続いてアインシュタインは関連する分析を行い、ブラウン運動――水中の埃や花粉の不規則な動きに最初に観察された――の長らく解けなかった謎を解明した。そういうと付随的情報のようで、大した成果ではないような印象だが、花粉の粒が不規則な動きをするのはおびただしい数の分子が衝突するからだと説明したアインシュタインのやり方は、おそらく二十世紀と二十一世紀の科学ではまさに最も強力な考えを構築する重要な一歩だった――その考えとは、現実のあらゆる側面における基本的な性質は、連続する原因と結果における直接のつながりではなく、統計的な観点でのみ理解できる一群の振る舞いによって決まるという認

＊脚注＝現代生活と量子力学のさまざまなつながりを追えば本が1冊書けるだろう――実際にこのテーマの本はすでに1000冊以上執筆されている。コンピューターが私の指の動きをスクリーン上の文字に変え、それを紙にプリントアウトすることを可能にする電気現象から、私が腰掛けているシートに使われている素材の特性や、本書もいくらか関係している宇宙の理論の高度な美しさまで……量子という概念はいたるところに内包されている。私たちが世界を移動する方法のほとんどは伝統的でニュートン的で理解しやすい。その目に見える世界を支える秘密の世界は量子革命の言葉で表現されるのでなければ想定しにくい。長講釈はこのくらいにしておこう。

識だ。

アインシュタインはブラウン運動に関する論文を五月第二週に送付した。それをもって少なくとも人生二回分に値するほどの仕事を成し遂げ――ついにノーベル賞を受賞した際に受賞理由としてノーベル賞委員会が引き合いに出したのは、より広く一般に名を馳せることになる研究ではなく、これらの光電効果についての記述だった。しかしアインシュタインにはもう一つ企てがあった。アインシュタインの四大論文の最後の一篇が物理学学術誌アナーレン・デア・フィジークのオフィスに到着したのは一九〇五年六月三十日。「運動物体の電気力学について」という一見当たり障りのないタイトルが、そこに含まれる急進的で破壊的といってもいいほどの考え、現在は特殊相対性理論と呼ばれているものを覆い隠していた。執筆には約六週間を要したが、書き上がった論文はアインシュタインの考えを驚くほどシンプルで明確な言葉で、物語のように表現し、ほとんど誰も立ち止まって考えたことのなかった問いを読者に投げ掛けている。ある事象がある時間に起きるということは何を意味するのだろう、と。「仮に、私が『列車は七時に到着する』と言えば、それはおおよそ『私の時計の短針が七を指すと同時に列車が到着する』という意味だ」とアインシュタインは書いている。表現を変えれば――自然の事象を説明するためには時間の厳密な概念、時間をどうやって計測するか、何かが起きたと言える時間について二人の人間がどうやって合意できるかが必要だ。

　そこからアインシュタインは、自身の新たな考えのうち残るすべての拠りどころとなる二本の柱を定める。一つは「相対性原理」で、もともとはガリレオが定めたものだ。それによれば「物理システムの状態の変化をつかさどる法則は」その事象を誰かがシステムの内部から観察しているか、あるいは外部から覗き込んでいるかに「左右されない」――両方の観察者の立っている地点が「互いに等速運動している」限りは、だ。つまり、線路脇に立っていようと列車に乗っていようと関係ないというわけだ。ニュートンの運動法則は（もちろんほかの自然法則も含めて）どちらの状況でも同じように振る舞う。たとえ、列車上で投げられたボールの描く軌跡が、それぞれの人物が立っている場所からは違うふうに見えるとしても、だ。

　アインシュタインの第二の公理は、真空中の光の速さは不変であり、宇宙のどこで観察しても変わらない、というものだ。この考え方の問題は――アインシュタイン以前の科学者を何十年も悩ませてきたのだが――光の速度がどの観察者にとっても不変だとしたら、ニュートンの運動法則と矛盾しそうな点だ。ここが難しいところだ。一人はランタンを灯して静止しており、もう一人はランタンの光を追いかけるとしよう。ニュートンが正しければ、じっとしている人から見れば光の速度は普通の数値――秒速三〇万キロメートルにごく近い値になるはずだ。一方、動いている人の答えは違ってくるはずで、秒速三〇万キロメートルから本人が走っている速さ、たとえば時速二〇キロメートルを引いた数値になるはずだ。[*] アインシュタインに先立つ人々にとっては、それが秩序ある宇宙の振る舞いだった。だが十九世紀末の数年間、計測された光の速度は、実験の厳密さにも実験装置の運動の状態にも関係なく、頑として法則に従おうとしなかった。

アインシュタインの洞察は光速が座標系によらず一定であることが意味するものを真剣に考えたことだった。光の速さが観察者の運動に応じて変わるのではないとしたら、その事実をほかの経験と一致させるには、速さの要素——距離と時間——についての考え方を変える必要がある。別の思考実験はアインシュタインが表現しようとしていたものを捉えている。列車が一定の速度で真っ直ぐな線路を走っており、その中央に時計を持った女性が乗っていて、土手にはまったく同じ時計を持った男性が立っている。ここで、列車に乗っている女性が、嵐の中で線路脇に立っている不運な男性の前を通り過ぎる瞬間に、二つの稲妻が先頭車両と最後尾の車両を直撃するところを想像しよう。そこで問題。女性も男性も二つの稲妻は同時に列車を直撃したと答えるだろうか。

答えはノーでなければならないとアインシュタインが理解するにつれて、特殊相対性が形成され始めた。線路脇で見ているほうは稲妻が当たったのは同時だと分かっているが、列車に乗っているほうは違う。二人とも同じ事象を表現しているのに、どうしてこんなことがあ

＊脚注＝より詳しく言えば、マクスウェルの方程式によれば、どのような座標系で見ても電磁波（さまざまな波長の光）の速度は一定であるという結論が導き出される。一方、ニュートン力学では、異なる座標系で見るとすべてのものの速度が変わるので、光の速度もまたそれぞれの座標系によって異なるはずだ。したがってニュートン力学とマクスウェル方程式との間には矛盾がある。

り得るのだろうか。アインシュタインの答えは、次のような趣旨だ。光の速さの不変性が、何かがいつ起きたか、その事象と時計が時を刻むのがいつ同時に起きたかにどう影響するかを考えてみよう。列車の先頭と最後尾を直撃する稲妻の像は、当たった箇所から二人の観察者がたまたまいるところまで移動しなければならない。土手に立っている男性のところに到達するには、信号――それぞれの稲妻の光――は同じ距離を移動しなければならない。どちらの信号も同じ時間をかけて（光の速度は不変で、どちらの稲妻でも一定だ）まったく同じ距離を移動し――観察している男性はその事象をはっきり説明できる。彼が見る限り、二つの稲妻は同時に列車に当たる。

一方、列車に乗っている女性のほうは状況が違ってくる。彼女は稲妻が列車に当たった瞬間も移動している。彼女の立っているところに光が到達する頃には、彼女も列車もほんの少し前進しているはずだ。先頭車両に当たる稲妻の光のほうが、前進する列車を追いかけて最後尾の車両に当たる稲妻の光に比べて、彼女の目に達するまでの距離がわずかに短くなる。列車に乗っている女性はまず先頭車両の落雷の閃光を目にし、それからしばらくして最後尾の車両の落雷の閃光を見る。言い換えれば、こちらの観察者にとって二つの落雷は時間がずれており、一つは土手に立っている男性が二つの閃光を「同時に」目にする少しばかり前に、もう一つは少しばかり後に視界に入ってくる。運動状態の異なるこの二人は同じ出来事のタ

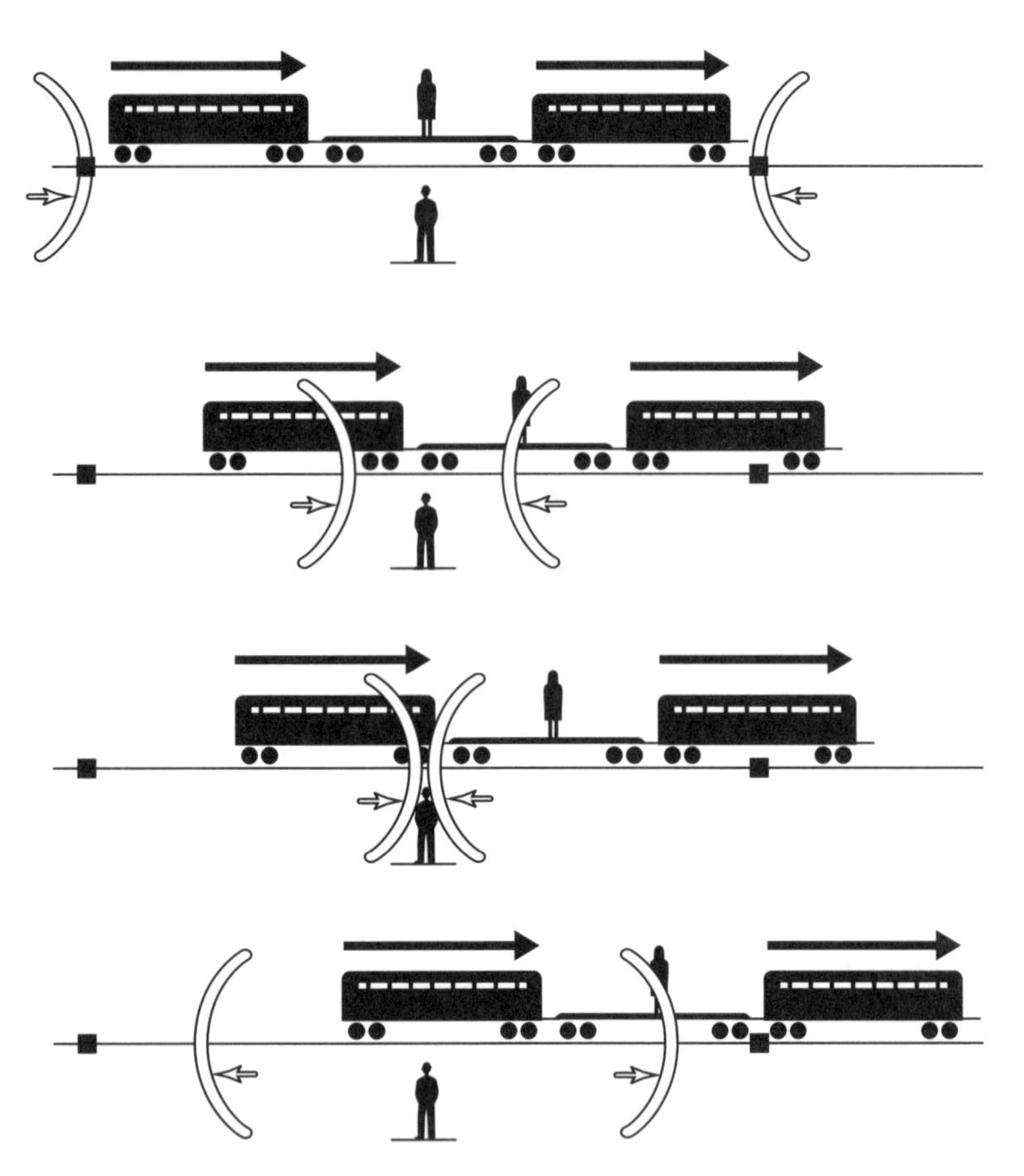

同時性に関するアインシュタインの思考実験のこのバージョンは、何が起きているかを、土手から列車を見ている男性の視点で説明している。列車中央に乗っている女性が土手にいる男性の前を通過する際、稲妻が列車の先頭車両と後部車両を直撃する（一番上の図)。アインシュタインが知りたかったのは、土手で見ている男性も列車に乗っている女性も落雷のタイミングについては同じ答えをするかどうかだ。2つめの図では、列車は前進し、先頭車両の落雷の光が列車に乗っている女性の目に届くまでの距離が短くなる—その結果、土手で見ている男性よりも先に光が見える。3つめの図では、先頭車両の落雷の光が土手で見ている男性の目に届くのは後部車両の落雷の光が届くのと同時だ。男性から見れば、2つの落雷は同時に起きる。最後に、一番下の図では、列車がさらに前進し、後部車両の落雷の光が列車に乗っている女性に追いつくので、彼女は2つの落雷は同時ではないと、土手で見ている男性とは違う結論に——確信を持って——達する。

イミングについて意見が一致しない。

さらに、アインシュタインは、この見解の相違は距離についても当てはまることに気づいた。時間の場合と同じ理屈で、計測装置、つまりこの場合は普通の定規の重要性を力説した。列車に乗っている女性が列車を見ている男性の前を通過する際、定規で足元のスペースの広さを測るとしよう。結果が分かる際、定規は窓越しに土手にいる男性の目に映る。男性は定規の端から端までが目の前を通過するのにかかる時間を計る。だが落雷の思考実験ですでに分かっているように、その時間は列車に乗っている女性が計った時間とは違い、したがって観察する人間によって定規の端から端までが見える時間の測定値は違ってくる。空間と時間はいずれも相対的である。

最後にもうワンステップ。ガリレオは、お互いに相対的な運動をしている二人が同じ事象を観測したとき、どのように見えるかを説明した一連の数式、ガリレイ（ガリレオ）変換を考案した。ところがこのガリレイ変換は、その速度が光の速度に比べて小さい場合にしか正しくない式であった。運動する二人の速度が光の速度に近づいた際にも正しい一般的な変換は、ローレンツ変換と呼ばれている。アインシュタインはそれを用いることによって、光と同じくらいの非常に大きい速度で運動している二人が同じ事象を観測したときにどのように見えるかを説明した。その場合、光の速度は座標系によらず一つの定数の値をとるので、二人の観測者の間に矛盾はなくなる。

ニュートンの神は宇宙の隅々まで絶対的な時間と絶対的な空間を、すべての創造物のあらゆる点で同じ時間を刻む神聖な時計を保った。その揺るぎない信条のおかげで、ニュートンは、天空と地球は共に同じ一連の法則すなわち唯一の世界システムに支配されているという、真に画期的な洞察を得た。彗星の飛来や惑星の発見が証明するかに思えたように、宇宙の歴史には普遍的な不変性がある、いつでも、どこでも、誰にとっても、同じものがあるかのようだった。その二世紀後、それらすべてをアインシュタインの列車と時間と定規という素朴なイメージが破壊した。アインシュタインの時計は見事に時を刻んだが、そのリズムは見る者によってさまざまだった。

アインシュタインの相対性理論に関する論文の後半では、コンセプトは物体の運動の領域を超えて広がっていった。アインシュタインは相対性が空間中の物体、原子の構成要素、電磁場など、どうやらあらゆるものに当てはまることを示した。三か月後、アインシュタインはもう一度論文を執筆し、当時は確立したかに思われた物理学にこのコンセプトがいかに深く浸透しているかを示した。わずか二ページで物質の塊がエネルギー、たとえば何らかの光を発する際に何が起きるかを探った。それを皮切りに、短い計算を行い、相対性の範囲内でエネルギーと質量は等価であると証明できることを明らかにした。アインシュタインは自らの結論を現在私たちが知っている、科学で最も有名な方程式、$E=mc^2$ とは大きく異なる形で記している。

物質とエネルギーは実は一枚の硬貨の表と裏だという例証は、それ自体で傑作だっただろう。計算は簡単で、自明といってもいいくらいだったが、運動学つまり運動の特徴についての議論がそれほど深遠な主張に変貌するとはいまだに信じがたいくらいだ。常識で考えれば、エネルギーとは物質に起きる何か、バットにボールが当たることや、大砲から砲弾を飛び出させる爆発などである。ところが常識が間違っている。アインシュタインの方程式は、物質とエネルギーが絡み合っていて、一方をもう一方に変換できると考えざるを得なくする。

それだけで足りなければ、この小論文はさらに掘り下げ、アインシュタインが他に先駆けて捉えた洞察を体現した。相対性は自然界のいっそう平凡なパターンが従うべき条件に比べれば、それほど適用範囲が限定された自然法則ではない、というものだ。$E=mc^2$ は慣性の概念を相対論的な観点に置き換えた。アインシュタインをはじめとする人々のその後の研究により、さまざまな運動の法則は一致した。マクスウェルの電磁場の運動方程式は空間と時間の相対性を説明するように解釈し直さなければならなかった……などだ。当時のことに例えれば、相対性は帝国主義者で、物理学において植民地を拡大する一方だった。その帝国の論理は成長することであり、特殊理論の次なる標的は明白とまではいかなくとも当然予測できるものだった。

アインシュタインは一九〇九年に入っても特許庁に留まることになる――何よりのメリットは駆け出しの学者より実入りが良かった点だ――が、まもなくついに大学の教授職となり、奇跡の年は彼が期待の星であり、これからが本領発揮だということを明らかにした。したがって、一九〇七年秋にアインシュタインがそれまでの二年間に相対性理論がどう進化したかをまとめた回顧録の執筆を求められたのは、至極当然のことだった。そうした誘いは栄誉だったが、このときは喜んでばかりもいられなかった。要請が彼のもとに届いたのが遅く、期日の十二月一日まで二か月しかなかった。それでも当初は問題なさそうだった。大半の見直しはすぐに片付いた。四つのセクションでアインシュタインは相対性理論の世界観を、時間の計測、運動の研究、電磁場の振る舞い、エネルギーと質量は等価であるというアインシュタインの発見に応用することについて説明した。実際それが多かれ少なかれ、アインシュタインが求められていたことだった。担当編集者は相対性理論の最近の動向を概説したものを探していて、アインシュタインはそれを執筆したのだ。

ただしアインシュタインは最後の問いを先延ばしにした。特殊相対性理論の「特殊」はそれが制限されたコンセプトだという事実に言及している。特殊相対性理論はほぼすべての物理的状況に対して空間と時間の振る舞いを完璧に説明したが、一つ大きな警告が付いていた——アインシュタインが当時承知していたように、特殊理論が当てはまるのは速度が変わらない運動のみだった。その結果、加速や減速など、速度が変化する状況は除外された。＊アインシュタインにとって、このことは耐え難いずれとして残った。加速は宇宙のいたるところに存在する。何より、重力の影響下にあるものはすべて加速する。

現在私たちが知っているアインシュタインにまつわる伝説の重みと、特許申請の波の中で暇を見つけては科学のことを考えていたあの若き研究者——当時彼はまだわずか二十八歳だった——を思い合わせると、さらに一歩踏み込むのにどれほどの知的な度胸が必要だったか、今となっては知る由もない。特殊相対性理論の先を考えれば、史上最も有名な物理学者ニュートンが生み出した、最も有名な概念である万有引力と対峙することになるのは必至だった。だがアインシュタインの理論が本当に自然の論理の一部を成しているとすれば、どんな考えも、最も象徴的な考えであろうとも、その理論から逃れることはできないはずだった。

一九〇七年十一月。アインシュタインは勤務日ごとに特許庁に顔を出した。執筆し、考え、宙を見つめた。窓越しにベルン市内の屋根を眺めた。ある日——正確な日時は不明——名も

＊脚注＝特殊相対性理論は加速されたシステムに当てはまる。有名な「双子のパラドックス」で、双子の１人が地球から加速しながら遠ざかって再び戻ってくると、地球にとどまっているもう１人に比べて年を取るのが遅いというもので、非等速運動の特殊相対性理論による分析の一例だ。しかしアインシュタインは初期の構想では等速運動を検討しており、理論の一般化に取り掛かった当初、引き続き異なる運動状態でのこの差異について考えていた。

ない屋根職人の姿が見えた。事故が起きたらと想像した。すると欠けていたピースが、幸せな考えが、突然、彼の頭になだれ込んできた。落ちていく男は自分の重さを感じないと気づいた結果、アインシュタインは時間と空間の相対性を分析した際と同じような方向で重力についても考える非常に重要なヒントを手にした。アインシュタインはこの洞察を「等価原理」としてまとめ上げた。一九〇五年の相対性原理と同様、アインシュタインの思考にとって重要になる原理だ。最もシンプルな形では、等価は単に自由落下する人——空想上の屋根職人のように——は自分が置かれた状況について可能な二つの説明の区別がつかないと考える。自分が重力の影響下で落下しているのか、それとも無重力空間に浮かんでいるだけなのか、分からない。

別の言い方をすれば、アインシュタインがどこに座っていようと、屋根職人は加速していて、落下の速度を増している。屋根職人自身は（地面にぶつかるまで）変化を感じない——無重力であるだけで、特殊相対性理論が説明する等速の慣性運動の特徴である、押されるとか引っ張られるといった感じはしない。したがって二つの状態、つまり自由落下と加速しない運動は、等価すなわち同じ現象をどちらも正確に表現しているとみなさなければならなかった。その逆も真だった。誰かが（閉ざされた部屋で）床に立っているときの引っ張られる感じが地球の重力場のものなのか、それとも、足元でロケットエンジンか何かが加速して靴の底を押し上げているのか、判断するのは不可能だ。

そうか！ この等価原理はアインシュタインに直接、特殊相対性だけではできない不可欠な結び付きに気づかせた。すなわち、慣性（質量と呼びかえてもいいが）と重さ（質量に何らかの係数を掛けたもの）の結び付きだ。月を訪れている人間の質量はほかのどんな場所とも変わらない。それでも月の重力は地球の重力の約十六パーセントなので、彼女の重さは地球で測る重さの六分の一しかない。より一般的には、慣性は物体の運動における変化を（その原因が加速であれ重力であれ）認識したものと理解することができる。自由落下の場合は重力のもとになるような物体から離れた真空の無重力状態と同じ体験が生じる。一方、加速の場合は同じ（重力の）認識が、地球の重力場にとらわれて静止している状態として生じる。屋根から転落する職人とそれがヒントになった等価原理は、アインシュタインに重力の相対性理論が最小限何を含むべきかを伝えた。それは万物の力がないときの自由落下の軌跡と重力を受けて加速しているときの動きを一致させるような数学的な記述だった。

十一月末。アインシュタインは等価原理とそれが重力の相対性理論にとって何を意味するかについての最終節も含めて、論文を書き上げた。それはまだごく大まかなヒントだったが、将来、より充実したものにつながっていくことになる。この時点でアインシュタインが本当に理解していたのは、相対論的な観点で、つまり慣性と加速という観点で、重力について考えることが可能だということだった。

論文を送ってまもなく、アインシュタインはもう一つありふれた問題に注目した。論文ではニュートンの重力理論と矛盾する不規則性や疑わしい現象などの現実については一切触れていなかった。それどころか、以後八年間、理論的な一貫性の問題、特殊相対性とニュートンの考えとの明確な不一致のつじつまを合わせることに集中した。だがアインシュタインは内心、知的な戦いの進め方を実際的にも大局的にも見事に把握していた。自分の理論がニュートンの理論以上に現実をよくモデル化していることを明示できさえすれば勝てる、と確信していた。クリスマスイブ、アインシュタインは旧友で物理学者ではないコンラッド・ハビヒトに宛てて、新しい重力の相対性理論に取り組んでいると手紙を書いた。目的は「いまだに説明のつかない長きにわたる水星軌道の変化を説明すること」だった。

ヴァルカンが存在する可能性が極限まで小さくなって久しかった。しかしこのとき、アルベルト・アインシュタインが相対性という礎の上に宇宙を構築し、未知の惑星に狙いを定めた。重力について調べ始めたときから、アインシュタインはヴァルカンが存在するのかしないのかという決定的な二者択一を理解していた。それから数年間、アインシュタインが私的なやりとりでも水星に言及することはなかった。だが、決して忘れていたわけでもなかった。

ある考え――当時としてはまったく新奇な――が特殊相対性理論の枠組みの中を駆けめぐった。ベールを脱いでから一世紀、その考えは大衆文化のねじれを通り抜け、正式な宇宙論の中を流れてきた。だがアルベルト・アインシュタインは、初めてその考えに遭遇した際、心を動かされなかった。「数学者たちが相対性理論に飛びついているので、私自身はもう理解できない」と宣言した。アインシュタインの不興を買った数学者とは、アインシュタインの恩師だったヘルマン・ミンコフスキー。不興を買った考えとは、ミンコフスキー自身に言わせれば、次のようなものだ。

「諸君、私が諸君に提示したい空間と時間の概念は、実験物理学の土壌から発生しており、そこに強みがある。それらは急進的だ。これから先、空間そのものと時間そのものは雲散霧消して単なる影と化す運命にあり、両者を結合したものだけが独立した現実であり続けるだろう」

現在はその結合を「時空」と呼ぶ。空間は三次元――おなじみの高さ、幅、奥行き――を占め、時間はそれとは無関係に進むという古い概念は、ミンコフスキーに言わせれば、運動状態が空間と時間の両方の測定に影響するという発見を真に受けるなら、もう通用しないという。そこでミンコフスキーが提案するのが、空間の三次元と時間の一次元が互いに絡み合う四次元に存在する世界だ。

何より、ミンコフスキーは時間と空間を記述する数学的手法を提供した。動いている観測者（コーヒーのお代わりをしようと立ち上がる私）と止まっている観測者（腰掛けてこの文章を書いている私）が同じ現象を見たときに、見え方が違うようでも同じ一つの真実にまとめることのできる方法を与えたのだ。詳細な幾何学的議論はいささか複雑だが、ミンコフスキーの研究は、四次元の時空の中で二つの異なる点を結ぶ最短距離の経路を定義した。その距離とは絶対間隔と呼ばれ、時間と空間の両方において二つの事象の移動した距離を同等に考慮した測定値だ。その絶対間隔はどのような座標系で測定しても同じ値となる（時空というものの取り扱いをいくらか簡単にするため、物理学者らは空間と時間を同じ単位で表現する方法を編み出した。その際、光の速度が究極の物差しになる。一メートルは時間に換算するとどのくらいなのか。光が一メートルの距離を移動するのに要する時間と同じ――三億分の一秒だ。一秒は距離で言えばどのくらいなのか。光が一秒間に移動する距離、三億メートルである）。

アインシュタインは常に、二人の観測者の測定値は異なるが、根底にある現象そのものは一つだけで、どんな観測者がやっても物理法則は同じはずだと断言していた。ミンコフスキーはアインシュタインが考えていた関係を明確に記述することができ、一度記述すれば誰もが分かるようにした。これはミンコフスキーにとって画期的なことだった。一方アインシュタインにとってはそれほど画期的ではなかった。四次元の幾何学は、アインシュタインに言わせれば「無駄な蘊蓄」だった。

ミンコフスキーはアインシュタインの数学的趣味のお粗末さについて教育できずじまいだった。一九〇八年、虫垂炎のため四十四歳の若さで世を去った。アインシュタインは時空という観点が暗示するものを無視することが――しばらくは――可能で、実際に無視した。物理現象についても毎日の生活についても、ほかに考えることが山ほどあったのだ。

アインシュタインの生活は当然ながら一九〇五年を境に一転した。その後も数年は特許庁勤めを続けたが、役所勤めから知的職業への避けがたい移行は、ためらいがちながらも一九〇七年に始まり、アインシュタインはベルンの大学の非常勤職員になった。一九〇九年になってようやく、チューリッヒ大学で初めて正規の職員に採用された。代用で終身在職権のないポストだったため、下っ端だった。それでもそれから一年あまりで、地位も保障もすべて含めた正規の教授職に就かないかと誘われた。問題はそれが一九一一年前半のプラハ大学からの招きだったこと――要はヨーロッパのドイツ語圏の最果てに赴くことになるわけだ。学界ではありがちなことだが、アインシュタインは思い切って申し出を受けた。教授のポストが地理に勝ったのだ。

アインシュタインも妻のミレヴァ・マリッチもプラハを心から好きになれずじまいだった。アインシュタインはプラハに着いた直後、地元の人々が「同胞への善意は一切なく、階級を意識した謙遜と卑屈さがない交ぜになった独特の態度」を示したと、友人の一人に愚痴をこぼしている。プラハ自体、「これみよがしの贅沢が、忍び寄る貧困と隣り合わせに存在している。信条なき思考の不毛さ」を感じさせるたぐいの街だった。だがアインシュタインはそうした欠点を埋め合わせる部分があることにも気づいた。身内の話では、アインシュタインは川沿いのカフェでコーヒーを飲みながら友人たちと話をするのを好んだという。プラハのユダヤ人社会のエリートたちはサロンでの交流を楽しみ、どうやらアインシュタインは少なくとも一度、ひょっとすると複数回、フランツ・カフカと同席したようだ。[*] 一方、マリッチにとってはプラハには何の長所もなかった。一家の友人が語った、よくある話だった。「彼女は子供たちと留守番させられて、日に日に不満を募らせていった」

アインシュタインにとってプラハの取り柄は、邪魔されずに研究に打ち込める点だった。特許申請に目を通す必要はなく、上のランクにいる人間に大学側は自由を与えていた。一九〇七年に初めて重力の相対性理論を思い描いてから、アインシュタインの関心は量子の領域

＊脚注＝残念ながら、２人が言葉を交わしたという確証はない。

の困った謎へと移っていた。その後数年はほとんど進展はなく、プラハに移ってからは問題のとんでもない厄介さに辟易した。アインシュタインのオフィスは精神病院の敷地を見下ろしていた。アインシュタインは量子について考えていたとき、入院患者を窓越しに眺めて「物理学を研究していない、頭のおかしい人々」と表現した。

そこでアインシュタインは別の謎に乗り換えた。新居に落ちついてから、等価原理とそれを相対性の拡張に役立てる方法の研究に再び取り掛かった。三年前の大まかな構想が不適切だというのは承知していた。そこで新しい方法を見つけたのだが、それには重力が光に及ぼす影響について深く考える必要があった。

アインシュタインの新たなアプローチの特色をつかむため、彼の思考実験の一つ、真空で加速していくロケットの話を考えてみよう。ロケットの胴体部分には窓が設けてあるので、静止しているロケットの内部を誰かが懐中電灯で照らせば、その光が反対側の壁に直進するはずだ。

今度はロケットが離陸し、加速していくところを想像する。光が仕切りの片側から反対側へ移動する間に機体はほんの少しだけ進む。ロケットが進むにつれて、閃光は窓から入ってきた位置より少しばかり下の位置で反対側の壁に当たる。ロケットの中にいる人から見れば、

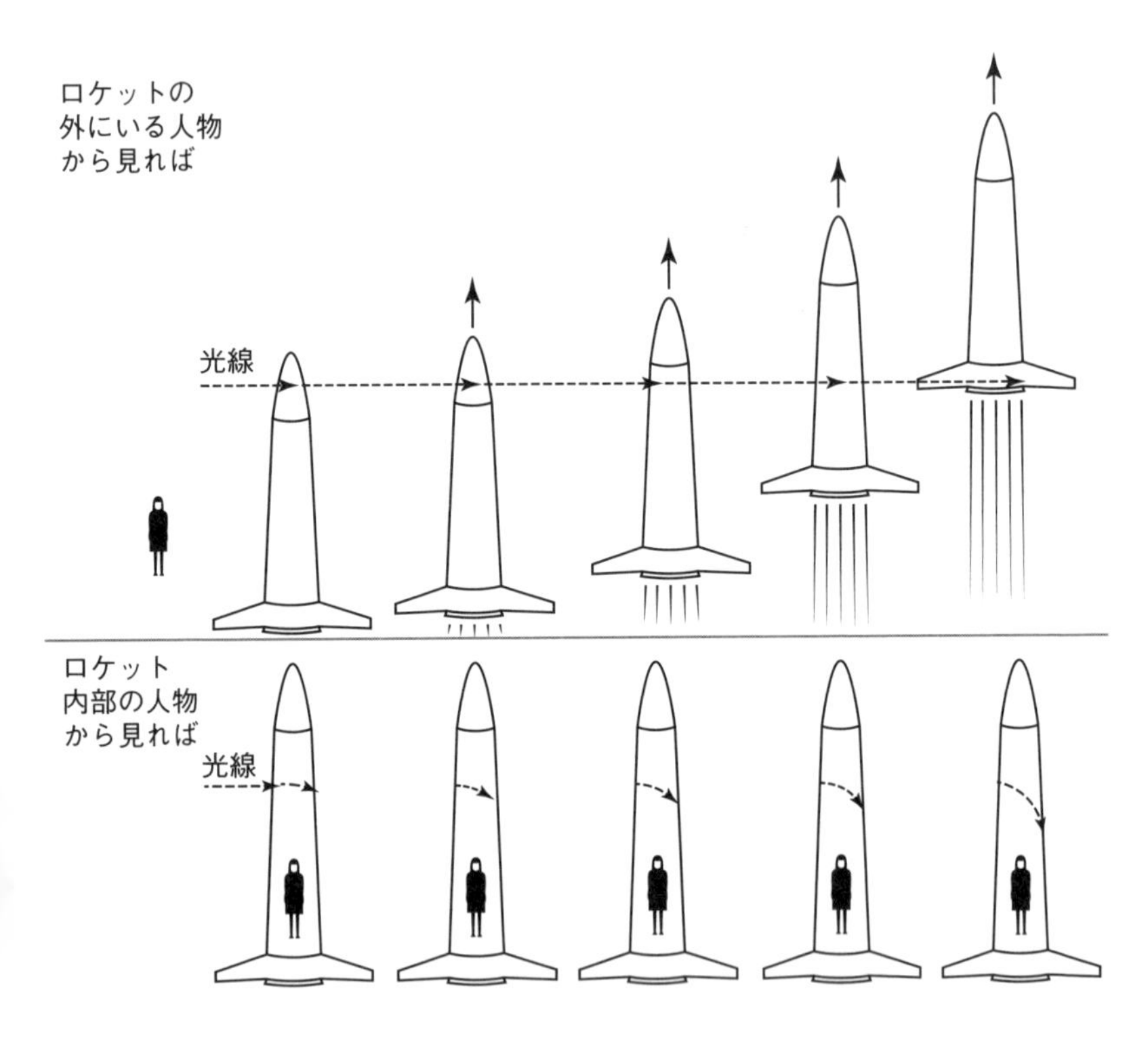

この思考実験では、上方向に加速しているロケットの窓から光線が差し込む。ロケットの外にいる人物から見れば、光は直線を描いて移動する。一方、ロケットの中にいる人物から見れば、光はロケット上部の窓側から差し込み、曲線を描いて移動し、はるかに下の位置で反対側にぶつかる。加速という物理法則に従えば、光は曲がる。等価原理によれば、重力場においても同じことが起きる。

光は曲がって、実際は下方向にカーブしている。加速するにつれ、光線はさらに急カーブを描く。それは加速している状態であり——等価原理を受け入れるのであれば、加速が光を曲げるなら、重力も光を曲げるはずだ。*

次のステップは論理的に導かれた。特殊相対性における光と時間の関係を考えれば、この新しい設定における光の振る舞いが時間の流れにも影響を与えるのは当然だと、アインシュタインには思えた。彼の理屈を単純化するため、ロケットの話に戻ろう。機体の先端、つまり一番上に時計があり、一番下のエンジン後部にももう一つ時計があるとする。ロケットが静止しているときは、二つの時計は、下の時計が一秒おきに上の時計に送る光——すなわち信号——によって同じ時間を刻み続ける。どちらの時計も正確で、何より重要なのは同じ時刻をさしている点だ。ところがロケットのエンジンがかかって機体が加速し始めると興味深いことになってくる。

下の時計が光を点滅させている間、ロケットはどんどん加速していく。光が機体下部から上の時計に届くまでにロケットはわずかに上昇している。当然、信号が移動しなければならない距離は増え、その分、下の時計が発する光の信号が上の時計に届くまで、ロケットが静止しているときより時

＊脚注＝アインシュタインは像を思い描くだけでよしとはしなかった。この重力に関する数年ぶりの論文で、まず具体的な数字を生み出し始めた。光の湾曲に対して、太陽の質量・大きさを持つ物体がその縁をかすめて通る星の光をどのくらい曲げるかを計算。はじき出した数値は0.87秒角、つまり、それほど偶然ではなく、ニュートンの理論から導きだされるのと同じだった。その数値は後で述べるように間違っていたが、アインシュタインは4年間それが正しいと信じていた。尺度として、円は360度。1度は60分（分角もしくは角度の分とも言う）、1分はさらに60秒（角度の）に分割できる。0.87秒角は小さい数値だがあり得ないほど小さいわけではない。ボストンのマサチューセッツ州会議事堂のドームからニューヨークのタイムズスクエアまで線を引けば、その距離はおよそ200マイル（約320キロメートル）。終点はタイムススクエア中心部にあるブロードウェーのチケット売り場で、0.87秒角のずれは最新の人気チケットを求める列の左右いずれかの側まで6フィート（約1.8メートル）地点に着地するだろう。

この思考実験はアインシュタインが同時性の分析に使ったものと同様の論拠に基づいている。加速によって下からの光の信号が上部の時計に届くまでの移動距離は増していく。上の時計のそばに座っている人物からは、下の時計が遅れているように見える。やはり例の等価原理によって、重力下でも同じように、重力が増すにつれて時間の進み方は遅くなるだろう。

間がかかる。

次の閃光や、その次の閃光についても同じだ。光のパルスを確認している人物には、各パルスが上部の時計が刻む一秒より少し遅れて届くように見えるはずだ。つまり、下の時計がロケット先端部の時計より遅れているということだ。この場合もやはり、等価原理によれば、重力場にある時計もロケットの時計とまったく同じように振る舞うはずだ。地球の中心部に近く重力の影響がより強いところに置かれた時計は、地球の中心部からもう少し遠くにある時計よりもゆっくり進むはずだ。ベルリン周辺の平地では、若きアインシュタインがよく登ったチューリッヒ付近の山の頂に比べて、時間の進み方がゆっくりしている。*

そういう訳で、アインシュタインは一連の推論の最終ステップと格闘した。特殊相対性理論はすでに時間の概念を変えていた。時間はもはや絶対ではなく、任意の時計が、観察者と相対的な運動をしていると仮定して、実際に刻むものにすぎなくなった。せめてもの救いはミンコフスキーの時空の計算を使って、二人の観察者の認識する時間が同じになるように、二つの時計の時間を一致させられる点だった。しかしそれらの限られた確実性を、アインシュタインはプラハでの研究でややこしくした。重力が時計に影響するとしたら、時間は場所によって違ってくるはずだ。その人がいる場所が死海かエベレストか、あるいは単に地下室か三階か、周囲の環境によって変わる。それぞれどの場所にも独自の時間の流れがあるとい

＊脚注＝リチャード・ファインマンは *Six Not-So-Easy Pieces* に再収録された最終講義で、ここで論じた概念について最良かつ最も分かりやすい部類の議論を展開しているが、時計とロケットの例はかなり以前から使われている。ファインマンはうまい捉え方を提示していて、たとえば時間の遅れを表現するのに地球の重力場で山に登るペースがしだいに遅くなるのに例えている。標高が20メートル高くなるごとに光の周波数が変わり、その結果、時間の流れも1000兆分の2（$2/10^{15}$）遅くなる、という具合だ。

うのは新しい見解で、当時も今も、どうもしっくりこなかった。それでも遅くとも一九一一年半ばには、アインシュタインは相対性理論を拡張すればどんな結論に達するかを理解していた。重力は時間をゆがめるのだ。

・・・

そうひらめいて、アインシュタインは重力についての自分の新たな見解にフィードバックループがあるのに気づいた。そこに至るには複雑かつ繊細な推論が必要だった。アインシュタインの理論でも、ニュートン理論と同様、重力は働く。といっても物理的な意味で、物体を動かすということだ。ニュートンの理論では、そのために必要な力はすべて関連する質量によって決まる。それがニュートンの有名な方程式の意味するものだ。しかしアインシュタインは$E=mc^2$から、エネルギーと質量は等価であり、同一の実体すなわち質量エネルギーの持つ二面性だと承知していた。アインシュタインが次に考えたことは、明示された後ではいわば自明の理ではあったが、当時は大発見だった。互いに重力の影響を及ぼしている系の潜在的エネルギーの総量が変われば、質量エネルギーの総量も変わり、今考えている物質に作用する重力の強さも変わることになる。つまり、アインシュタインはこのとき、重力は重力自体にも作用する可能性がある、系の配置が変化するたび、その系の重力的な性質が変わると認識したのだ。その結果、最終的に重力を記述する方程式をつくることがはるかに難しくなったという事実に直面せざるを得なかった。特殊相対性理論と矛盾しない重力理論はエネルギーと質量との関係を正しくモデル化しなければならない——専門用語で言えば、非線形方程式を構成しなければならない。

それは打撃だった。少なくとも数学的にシンプルな重力理論をつくろうと考えていたアインシュタインにとっては。非線形方程式は解くことが困難で、標準的な戦術では非線形の問題を線形の問題に変換しようとするほどだが、それができないことをアインシュタインは知ったわけだ。それでも、この考察のおかげでアインシュタインは次の段階へ、素朴な重力の振る舞いについて分かったことだけにとどまらず、その先にある根本原理すなわち、相対論的な重力の仕組みをモデル化できる法則に進むことが可能になった。プラハでの初めての冬から春にかけて、アインシュタインはほとんど前に進めなかった。一九一二年春、ある友人に巨大な壁にぶつかったと語り、別の友人には「重力の問題に猛然と取り組んできた（中略）どの段階もものすごく難しい」と語っている。

ここでようやく、ミンコフスキーの四次元の時空の記述が救いの手を差し伸べた。ミンコフスキーがその概念を生み出したのは、主として特殊相対性の影響を明らかにしたいがためだった。彼の構想はそれ以前の思考モデルのある不可欠な特徴を受け継いでいた——ミンコフスキーの四次元の宇宙は、質量とエネルギーが行っていることの容器、その上で歴史が起き、それ自体は動かずじっとしている舞台だった。

アインシュタインが大きく前進したのは、加速と重力が時間の流れに影響することが何を意味するかを考えたときだ。時空も、次元の一つ（時間）が重力の影響下で曲がるように、曲がるはずだった。そう気づいたとき、アインシュタインの思考は彼の最も知的な理論全体を包括した。アインシュタインの新たな教義は、重力とは（ニュートンの見解のように物体だけではなく）物体とエネルギーを合わせたものの属性であり、重力は時間を変化させるというものだった。それら二つの事実を合わせて、次のような結論に達した。質量とエネルギーの総量が任意の場所における重力場の強さを決定し、それによって任意の場所でどのくらい時空間がゆがむかを決める、というものだ。その時空のゆがみが今度は物体とエネルギーが宇宙の中でどのように運動するかの軌跡に影響するはずだ。時空は舞台ではなく、単に万物が入ってくる箱ではない。むしろ、アインシュタインがこのとき気づいたように、活動的でダイナミックで、その中身に影響される。とうとう重要な真理にたどり着いたと、アインシュタインは後日振り返っている。「幾何学の基礎には物理的な意義がある」

その見解はアインシュタインの仕事の完了を意味していたわけではない。しかし次に進むために不可欠なステップだった。おかげでどうにか、純粋に物理的な洞察——重力と加速は等価である——を得て、それを完全で厳密な数学的説明に不可欠だと自覚するに至ったレベルまで洗練させることができたのだ。独力でそうした数学的説明に達するにはアインシュタインの知識ではまだ不十分だった。数学という宇宙におけるどの下位区分が自分のニーズを満たすかさえ分かっていなかった。けれどもアインシュタインはある男を知っていた。

マルセル・グロスマンは第一級の数学者であり、かつアインシュタインの古くからの友人の一人でもあった。二人が出会ったのはチューリッヒのＥＴＨ（スイス連邦工科大学）時代で、授業をさぼってばかりのアインシュタインにグロスマンがノートを貸した話は有名だ。二人が再会したのは、進歩から取り残されていたプラハがアインシュタインのような天才を持て余した頃だった。一九一二年前半、ＥＴＨから打診があり、夏には話が決まった。スイスを離れて二年足らずでアインシュタインはヨーロッパ有数の工科大学の理論物理学教授として凱旋を果たした。グロスマンは一足先にＥＴＨの数学教授に就任していた。再会したグロスマンにアインシュタインは言った。「グロスマン、頼む、助けてくれ。このままでは頭がおかしくなってしまう」

グロスマンは手を貸した。アインシュタインが何を必要としているか、グロスマンはすでにお見通しだった。それは自然の姿を正確に描き出す唯一の方法だと二千年の間思われてきたもの、ユークリッド幾何学だった。ユークリッドの『ストイケイア（幾何学原本）』は自然哲学に終始影響を与えてきたと言っても過言ではない。二千年あまりにわたって、平面、曲面、立体についてのその分析に誤りは一つも見つかっていない。平面上の二点の最短距離は直線であり、平面上の直線とその直線上にない点が与えられた場合にその点を通って直線に平行な線は一つしか引くことができず、三角形の内角の和は一八〇度になる。以上すべてを含めて多くのことが、『ストイケイア』の中だけでなく現実界においても真実でないはずがないと思われた。

ところが実はそうではなかった。十九世紀初めから半ばにかけて、数学者の中でもとくに大胆な考えの持ち主が、ユークリッドの仮定のどれかを修正できることに気付いた。それらは公理もしくは公準と呼ばれるもので、明らかに真実であり証拠は必要ないとされてきた。彼らがそれに代わるものとして見つけた幾何学は、ユークリッド幾何学と同じくらい一貫性があったが、そこではたとえば平行線は存在しなかった。グロスマンはアインシュタインに、彼のニーズに合うのはベルンハルト・リーマンの考案したものだろうと言った。連続的に変化している曲がった時空の任意の点で測定法を分析できる、と。リーマンがリーマン幾何学という独自のシステムを生み出したとき、彼は数学者らしく、つまり実在ではなく思考について考えていた。だがアインシュタインにとっては、これは啓示だった。このまだ海のものとも山のものともつかない見方のおかげで、アインシュタインは空間を、その内部で物体とエネルギーが直線ではなく曲線を描いて動いているものとして扱うことができるようになった。

何より、これでアインシュタインは例の非常に重要な問いに答えることが可能になった。すなわち重力とは何か、だ。それは明らかにニュートンが言うような、離れたところに瞬時に伝わるオカルト的な力ではなかった。むしろ、アインシュタインがつくりつつある体系では、重力は時空の幾何学に組み込まれている。形式的には、重力とは時空の局所的な曲率、地球や太陽のような物体とエネルギーが集中することによって時空に与える特定の形状だ。そうした時空のでこぼこの数学的分析によって、質量とエネルギーの分布と、その近くの時空の形状との厳密な関係が明らかになる。宇宙を移動している物体――恒星の周囲を公転している惑星、惑星の周囲を公転している衛星など――は理由もなく引きずり回されているわけではない。むしろ、付近にあるすべての物体とエネルギーが生む時空のでこぼこの

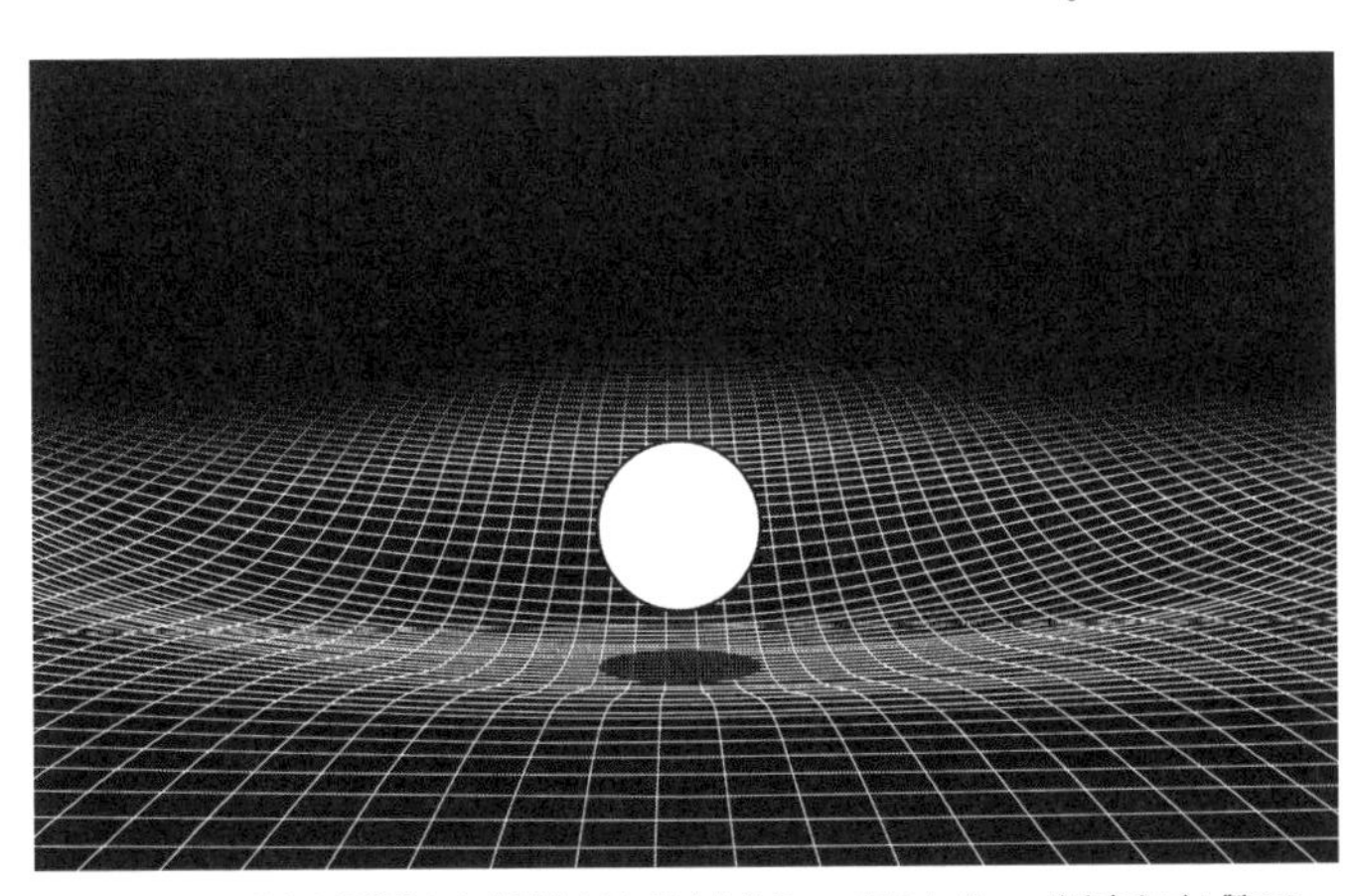

幾何学としての重力を視覚化した典型的な図。巨大な物体――恒星など――が時空をゴム製のシートのように引き伸ばし変形させている。例えとしては不備もあるが、的外れではない

周囲で取り得る最短ルートを通っているにすぎない。

ある問題が残っていた。少なくとも、時空の形状が、私たちの誰もが力として感じるもの、たとえばワイングラスをひっくり返した際にワインを床に飛び散らせるものを、どのように生み出しているかを直感的に理解するには、まだ問題があった。どういうことなのか把握するため、広大で一見何の変哲もない平面を思い浮かべてみよう。ごく平らなのでそこに暮らす人々が認識できるのは二次元つまり縦と横のみで、高さにはそれと分かる変化がない。たとえば自宅と離れた村を結ぶ最短ルートを散歩すれば、一、二キロメートルほどで足取りが重くなってくる。歩き続けるには少しばかり努力がいる。息が切れ、苦しくなってくる。何かに、重力といえるものに引きずられているのがはっきり分かる。直線だと確信しているものを歩いている間、それがあなたを引っ張っている。二次元ではなく三次元を認識できる場所で見ている人には、原因はよりシンプルだ。不可思議な力に感じられるものは実際には最短ルートが丘を登るコースになっているからにすぎない。

つまり、何もない平面を散歩する人が感じる「重力」は、実際は空間の湾曲の尺度、当人には見えない上り坂にすぎない。この例えは時間ではなく空間のみを扱っているので完璧ではない。それでも問題の核心は突いている。私たちは地球の質量によって生み出された時空の局所的な湾曲部で暮らしているのだ。朝ベッドから出たときに感じる重さは、時空の井戸を滑り落ちる、地球の中心に向かって落ちている感覚なのだ。その感覚は幾何学的な経験を表している。日々私たちの足を床に引き付けている時空の力学の働きから生まれるものだ。

一九一三年半ばにはすべてが揃っていた。アインシュタインは物理的な構図を持ち、ついに正しい数学的ツールを用いてそれに取り組んでいた。何より、実際の理論モデルでも頭の中で描いた像でも、彼にはモデルが、この重力という当時はまだ新奇な概念を幾何学の作用として想定する方法があった。アインシュタインは自信を持っていた――浮かれていたといってもいいくらいだった。グロスマンと共同研究を始めた頃、同じ物理学者のルードヴィッヒ・ホップに宛てた手紙に次のように書いている。「重力の件は万事驚くほど順調に進んでいる。すべて錯覚というのでなければ、最も一般的な方程式を見つけた」

すべてが錯覚ではなかった。ただ完全に正しいわけではなかっただけだ。グロスマンとアインシュタインは一年近くかかって、「一般相対性理論および重力の理論草案」と題する論文を書き上げた。もっともなタイトルだった。長い時間を費やしたにもかかわらず、この論文は実際まったくの草案にすぎなかったのだから。いくつか重大な誤りがあり、単純な計算ミスもあったが、それ以外は、アインシュタインが自身の物理学をグロスマンから教わった濃密で難解な数学と結び付ける術をまだ完全にはマスターしていなかったのが原因だった。

それでも考え方そのものはもう一歩のところまで来ていると、アインシュタインも自覚していたか、少なくともひしひしと感じてはいた。もう少しで検証可能になるレベルだった。理論はあることをはっきり予測していた。光も物質も時空のカーブに沿って動くはずで、その結果、太陽の縁近くを通過する光線は太陽面が生み出す重力の井戸の周囲で曲がるはずだ。その効果は探知できるほど大きいとアインシュタインは認識していたが、探知できるのは皆既日食の間だけだった。新たな理論では軌道のずれは〇・八七秒角——日食観測のベテランなら十分観測できる域に達していた。

アインシュタインはもう一つの考えられる検証方法を秘密にしていた。しかし、死後三十年あまりを経て浮上したある文書で、アマチュア研究者で親友のミシェル・ベッソと共に、ある特定の条件のモデル化を試みていたことが分かった。それは水星の問題——太陽が生み出す時空の井戸の奥底にある急斜面を回転している水星の軌道に何が起きるのか、だ。

二人の計算は、ほとんどはアインシュタインの手書きだが、そこにベッソが修正といくつか実質的なコメントを加えていて、見ていると気はとがめつつも何やら嬉しくなってしまう。アインシュタインはいくつか初歩的なミスをしている——太陽の質量が一桁多いなど——天才でもこんなミスをするのかと、われわれ凡人がほっとするようなケアレスミスのたぐいだ。

だがその一方で、理論に対する別の、より抽象的な検証に対する近似解が、実際は有効ではないのに有効だと思い込むという重大な誤りも少なくとも一つは犯している。

同時に、二人のこの研究は科学的思考と行為を覗き見る貴重な窓でもあり、ほとんどの研究報告において発見の経緯が生彩を欠き、わざとらしい描写になりがちなのとは大きく異なっている。アインシュタインはここで、なじみのない難解な数学の体系の重要な概念をマスターし、それを使って、運動している物体の振る舞いを詳細に記述する具体的なテクニックを考案しようと模索している。水星軌道の計算は実質的な進歩を含んでいる。その中でアインシュタインは湾曲した時空を移動している惑星の運動を分析する有効な方法を考案した。しかしアインシュタインとグロスマンの考えた重力にまだ欠点が潜んでいたため、そんなテクニック上の成果が役に立つのはもう少し先だった。アインシュタインとベッソがすべてのステップを完了しても、一〇〇年で四三秒角という、水星の近日点移動の理論値と観測値の差のうち、説明がついたのは一八秒角にすぎなかった。

一見、それはニュートンの重力理論の下でのヴアルカンの目撃談や太陽黒点の誤認と同様、失敗

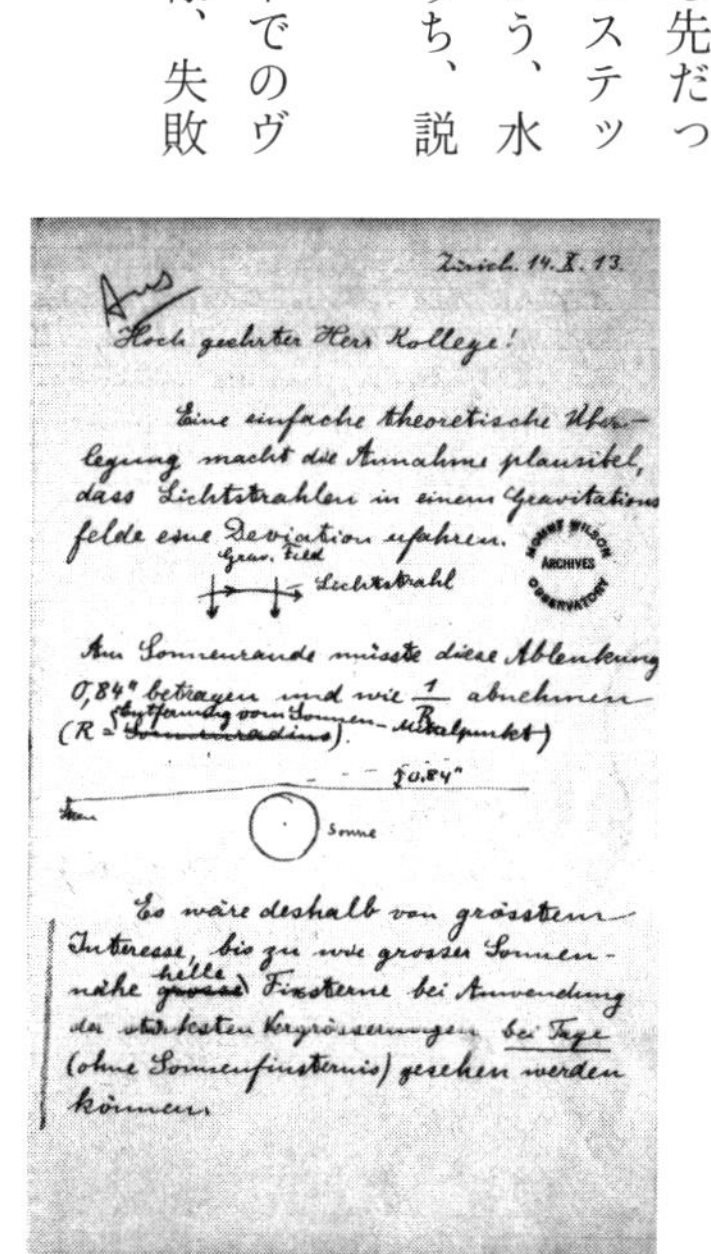

Zürich 14. X. 13.

Hoch geehrter Herr Kollege!

Eine einfache theoretische Überlegung macht die Annahme plausibel, dass Lichtstrahlen in einem Gravitationsfelde eine Deviation erfahren.

Grav. Feld

Lichtstrahl

Am Sonnenrande müsste diese Ablenkung 0,84" betragen und wie 1/R abnehmen (R = Entfernung vom Sonnen-Mittelpunkt).

0,84"

Sonne

Es wäre deshalb von grösstem Interesse, bis zu wie grosser Sonnennähe helle Fixsterne bei Anwendung der stärksten Vergrösserungen bei Tage (ohne Sonnenfinsternis) gesehen werden können.

アメリカの天文学者ジョージ・アーリー・ヘールに宛てたアインシュタインの手紙。アインシュタインはこの中で太陽の周囲の星の光のゆがみを測定することについて助言を求めている

に思えた。その問題に対するアインシュタイン自身の反応も、数十年前にヴァルカンの存在を熱狂的に支持した人々と同じように思えた。自身の見解を裏付けられないことは、理論そのものほど重要ではなかった。重力の相対論的な説明が理に適っていれば、その説明に論理的、説明的な力があれば、裏付けが一つ欠けたところでその説明を放棄する理由にはならなかった。

それでも、そうした結果はもちろん喧伝するようなものではなかった。アインシュタインはこの予行演習を発表せずじまいだった。代わりに先へ進み続けた。ニュートンの重力が原則としては不適切だとアインシュタインは知っていた。特殊相対性との矛盾は、なくしたくてもなくならなかった。代わりに、重力の相対性理論の論理が、新たな洞察を得るたびに積み重なっていくのを感じた。まだ完全には形になっていないとしても、前進するための理に適った唯一の道を示していると、アインシュタインは依然として確信を持っていた——最も世間の目にさらされる形で検証することも覚悟していたほどだ。次の皆既日食は一九一四年八月二十一日の予定だった。黒海に突き出したロシアのクリミア半島が観測には最適の条件だった。そこで天文学者たちは理論の主要な予測を検証する最初のチャンスを迎えるはずだ。予測どおりなら、太陽の縁をかすめていく星の光線が、時空が急角度で湾曲している箇所を猛スピードで通過する際に、通常の軌道より〇・八七秒角ずれるはずだった。明らかなシンメトリーだ――ヴァルカンは、言うまでもなく、そうした状況で探索され、目撃され、再び姿を消していた。

しかし、アインシュタインの重力についての（および、それによる水星の運動についての）説明を一九一四年の日食で検証するには、一つ障害があった。それはアインシュタインの科学的議論とは関係のないものだった。アインシュタイン自身は彼にとっての奇跡の年を境にはるかに出世していたものの、チューリッヒの大学教授がロシアへの遠征資金を調達できる見込みは薄かった。だが一九一三年七月、問題は解消された。ベルリンから二人の男がアインシュタインを訪ねてきた。マックス・プランクとヴァルター・ネルンスト、共に将来ノーベル賞を受賞することになる人物だった。二人はアインシュタインに前例のない申し出をした。スイスを捨ててドイツの帝都で自分たちの研究に加われば、実に素晴らしい給与と、学生を指導する義務のない教授職と、プロイセン科学アカデミーの会員資格が手に入るというのだ。

魅力的な申し出だったが、アインシュタインには断る理由がたくさんあった。チューリッヒがとても気に入っていて、十年以上前、最初のチャンスにドイツの市民権を放棄していた。だがこの申し出は、言ってみれば、ベルリンに来れば世界トップクラスの才能ある科学者の中のさらにトップとして迎えるということだった。

アインシュタインは一日がかりで考えたが、断るには惜しい話だった。あるおまけまで付いていた。ベルリンの招待主はアインシュタインを満足させたがっていた。つまり事実上、日食観測隊の資金が十分調達できるということだった。

一九一四年三月、アインシュタインはチューリッヒを発った。数週間ヨーロッパ各地を行ったり来たりして友人の物理学者らを訪ねた後、四月にベルリン郊外のダーレムに落ちついた。結婚生活はこの移住に耐えられなかった。七月上旬、マリッチは息子たちを連れてチューリッヒに戻り、アインシュタインは別れ際に泣いたものの、すぐに何よりも愛するものに戻って（彼の言う）「単なる私事」から解放されて物理学について考えることに没頭した。

日食観測隊は正式に組織された。プロイセン科学アカデミーが総額の一部を出し――それは最も新しい人材を引き付けておくためのアメだった――足りない分はクルップ財閥の当主が負担した。若き天文学者でアインシュタインの熱狂的支持者だったエルヴィン・フロインドリッヒは、カメラを搭載した望遠鏡四台を選び、同行者二人を採用した。彼らは七月十九日、ベルリンを発ってクリミアに向かった。その三週間前の出来事が、そんなまったく公平無私な探索に影響することになろうとは、誰も思いも寄らなかっただろう。星を観測するためにドイツからロシアに向かった人々が、いったい何を心配しなければならないというのか。一九一四年六月二十八日、サラエボで、オーストリアの大公が凶弾に倒れたからといって。

10章 「喜びに我を忘れて」

一九一四年七月。

ベルリン、歓喜。

ヨーロッパの大国が四年に及ぶ殺し合いに終止符を打った後、何年もたって振り返ってみても、これほど歓喜に満ちた時期はなかったように思えた。ジャーナリストのテオドール・ヴォルフはそうした戦前の数週間を当時の流行に結晶化した。「ベルリン市民は新たに熱中するものを見いだした。ワンステップとツーステップが役目を終えた後、新たな奇跡はタンゴと呼ばれた」

夏の楽しみは、六月二十八日にセルビア人過激派がオーストリアのフランツ・フェルディナント大公と妻ゾフィーを暗殺した後もしばらく続いた。事件翌朝、ドイツで最もお堅い新聞フランクフルター・ツァイトゥングの初版が事件について報じた。だが第二版は従来の夏のメニューに戻り、一九一六年に開催予定のベルリン五輪への国民の支持を促す記事も含まれていた。三週間がたっても、メディアが報じる夏は相変わらず、まったくいつもどおりに思えた——実際にそのとおりだった！　七月二十一日、社会主義政党の機関紙ベルリーナー・

フォルクスブラットは日焼け法を紹介し、日焼けに最も適したファッションは不道徳になりかねないと警告もしている。開戦直前の数週間、戦争の不可解さを最も衝撃的に見せつけたのは、ひょっとしたら不動産広告に登場したものではなかったか。その夏、フランクフルター・ツァイトゥングに上流階級の読者をターゲットにした売却物件の広告が掲載された――ロシアの別荘だった。

したがって、ドイツの研究者らの遠征隊が七月最終週、日食がこの方面で観測可能と思われる八月二十一日を目前に、ロシアの黒海沿岸に現れたのもまったく当たり前だった。エルヴィン・フロイントリッヒは仲間と共に、アルベルト・アインシュタインから指示されたものを計測するべくやってきた。それは太陽の周囲で起きる星の光の湾曲だった。フロイントリッヒらはアルゼンチンから来た天文学者の一団と会ったが、フィクションではあり得ないような偶然で、相手もほぼ最後の抵抗として、水星軌道の内側にあるとされている仮説上の惑星を写真に収めようとしていた。長い間慣れ親しんだ、かのヴァルカンだ。

だがそれから一週間足らずで、日差しの降り注ぐヨーロッパ、踊るヨーロッパは姿を消した。七月三十日、ロシア皇帝ニコライ二世が総動員令を下した。ドイツはロシアの同盟国フランスに中立を呼び掛けた。しかしフランスはこれを拒否し、三十一日に総動員令を発令した。八月一日、ドイツの駐ロシア大使がサンクトペテルブルクの外務省に文書を届けた。正式な宣戦布告だった。

その夜、ドイツ軍の小隊が中立国ベルギーに入った。八月二日にはドイツの警備隊がフランスに越境し、その翌日にはすでに乱発している宣戦布告の文書を届けた。八月四日午後十一時、ついに大英帝国政府は意を決し、ロシアの駐英大使に大英帝国とドイツ帝国が戦争状態にあることを知らせた。戦争へと突き進んでいく状況の影響の中でもとくに注目されなかったのは、ドイツ人科学者三人が訪問先のロシアで突然、敵国人になったことだった。フロイントリッヒ一行は身柄を拘束されて抑留され、観測装置は押収された。

それでも結局は差し障りなかった。日食は思わせぶりに終わった。皆既日食直前に雲が垂れ込め、再び晴れ渡ったのは皆既日食が終わった直後だった。光の屈折はまったく観測できなかっただろう。ドイツの天文学者たちは幸運だった。短期間拘束されただけで、第一次大戦初の捕虜交換の一つでロシア人将校と交換された。おかげで九月末にはアインシュタインはベルリンで帰国した彼らを迎えることができた。

それも含めて、あの悲惨な時期にアインシュタインが慰めを感じた出来事はわずかだった。アインシュタインは生涯、戦争の衝撃に甘んじることができなかった——戦闘の事実はもとより、誰もが戦いに見いだしているように思える、剝き出しの歓喜も耐え難かった。「四列縦隊で行進することに喜びを感じているというだけで、私は相手を軽蔑する」とアインシュタインは終戦後何年もたって手紙にしたためている。「命令された英雄的行為や無意味な暴力など、ありとあらゆる忌まわしい愚行が愛国主義の名の下にまかり通っている——私はそれらを激しく嫌悪する」アインシュタインから見れば、さらに悪いことに、彼をベルリンに引き寄せた非凡な科学者たちの集まりも、結局は街頭の暴徒と同じように戦争に酔いしれていた。

このほとんど個人的な裏切りを最も強力に象徴していたのは、アインシュタインのベルリン一の親友でのちにノーベル化学賞を受賞するフリッツ・ハーバーだった。戦争が勃発すると、ハーバーは自らが所長を務める研究所をほとんど軍事目的専用に使うようになった。この戦争を終わらせ、それによってすべての戦争を終わらせる兵器になるものを探し求めて、ハーバーは塩素に目をつけた。戦前の条約に違反する致死性の毒ガスを、ドイツ参謀本部に供給することを提案したのだった。

ハーバーは一九一五年初めには実戦で使用可能な化学弾薬の製造に成功。同年春、塩素入りのボンベが西部戦線に送られ、ベルギーのイーペルに配備されることになった。風が東から西へ着実に吹くのを待つこと数週間、四月二十二日、おあつらえ向きの条件が整った。夕闇が迫る中、ドイツ軍は塩素ガス一六八トンを前線沿いに四マイル（約六・四キロメートル）

にわたって散布した。

ドイツ軍の行く手には三つの師団が待ち受けていた。一つはアルジェリア師団、一つは義勇軍（州兵の部隊のようなもの）の師団でどちらもフランスの指揮下、一つはカナダ軍の師団だった。敵と味方の中間地帯のぬかるんで荒れ果てた地に緑がかった雲が前進し、漂い、転がり、広がった。ドイツ軍は塩素の波打つ塊が連合軍の前線に到達するのを待った。効果はハーバーの期待を裏切らなかった。無数の兵士が「昏睡状態に陥るか死に瀕した」と、イギリス陸軍元帥ジョン・フレンチ卿は報告している。アルジェリア師団は潰走、前線が一部崩壊した。ドイツ軍は進軍し、二千人を捕虜にし、多くの砲を押収したが、結局はカナダ軍が態勢を立て直し、また塹壕戦の容赦ない膠着状態が続くことになった。

そのような「勝利」は、西部戦線が陥っていた残酷な膠着状態に典型的な大失敗だった。敵には防ぎようのない兵器を使って完璧な奇襲に成功しながら、ドイツ軍が勝ち取ったものは厳密には皆無だった。ほんのつかの間の優位を活用する余力は一切なかった。西部戦線の連合国軍はじきに独自の毒ガスを使って反撃したが、ドイツ軍を上回る戦術的成功は収められなかった。

毒ガスは当時も今もテロ兵器であり、防御策を持ち、同じように武装している敵には通用しない。敵対する双方が「大」戦中、毒ガス攻撃を続け——ハーバー自身、おぞましい塹壕戦の泥沼化に代わる戦略的な突破口をついにもたらす魔法のような解決策を求めて、何年も粘った。しかしそんな解決策は見つからずじまいだった。

こうした状況はアインシュタインにとっては狂気以外の何ものでもなかった。「私たちの高く評価された技術的進歩全体および文明全般が、病的な犯罪者が手にした斧になぞらえられかねない」と、今では彼の警句の中でもとくに有名となったものにアインシュタインは書いている。第一次大戦はアインシュタインの中の何かを壊し、一九一四年秋まで彼が肯定していた信条を永久に破壊した——紛れもなく超自然的で公平無私な一流の頭脳の持ち主たちが、彼が何より重んじる「われわれ人類とは別個に存在し、われわれの前に大いなる外部の謎として立ちはだかる、この大いなる世界」の研究によって一つに結ばれていると、アインシュタインはかつて信じていた。若き日のアインシュタインは「すぐに気づいた。私が尊敬し称賛するようになった人物は多くが、そうした研究に没頭することに内なる自由と安心を見いだしていた」。ベルリンで自分はそういう人々の仲間入りをするのだと思っていたのに、到着してほんの数か月で、彼らはアインシュタインを見捨てた（とアインシュタインは受け取った）。

それでもアインシュタインはベルリンにとどまった。スイスの市民権はまだ持っており、戦争中もドイツとスイスの国境を越えることは可能だった。チューリッヒは以前からお気に入りの街であり、一方、戦時のベルリンはイギリスによる海路封鎖が堪えるようになって、政治的に厳しいばかりか食糧も底を突いていたが、そうした状況はまったく問題には思えなかった。ベルリンには結局、他の追随を許さない強みが一つあった。同僚は皆、戦争の激情と苦難に消耗していたとしても、少なくともアインシュタインの邪魔だけはしなかった。妻子は彼のもとを去っていた。アインシュタインは独りで暮らしていた。ハーバーの化学研究所に研究室を構え、周囲の軽蔑すべき出来事は無視した。何ものにも邪魔されることなく考えることができた。

そこで、八月の最初の衝撃が薄れた後は、アインシュタインは研究を再開した。十月十九日、プロイセン科学アカデミーでの二回の講義の第一回を行った。テーマには戦争ではなく重力を取り上げ、概ね完了していると考えていた相対性の一般化について発表した。

それらの講義で、アインシュタインは自分の新たな理論が特定の問題に対する解にとどまらず、まったく新しい考え方を象徴していると主張した。自分が以前、非ユークリッド幾何学を研究したことの意義を説明した。非ユークリッド幾何学とは平行線が交わり、空間がゆがむような数学的システムをいう。そうした概念は賢い数学者の抽象的な玩具ではなく、むしろ、現実界を記述する方法として実際的な候補の一つと理解すべきだとアインシュタインは主張した。それらを使えば、競合する概念、つまり重力を力とみなすニュートンの説明と、時空の形状が物体の移動の仕方を左右するアインシュタインの説明とを対比することが可能になった。

その日の聴衆にとってはまったくなじみのないメッセージだった。公平を期すために言えば、アインシュタインは自分の理論が論理的には十分に思えていても、未完成だと認めた。しかし必然的に幾何学にたどり着くという主張はほとんどの人々にとって斬新すぎる考えだった。だがそうした難しさを考慮しても、科学アカデミー会員が、アインシュタインを仲間に誘い込もうと努力したにもかかわらず、誰一人として自分たちがたった今耳にしたことにまったく注意を向けなかったのは驚きだ。アインシュタインのメッセージは、第一に、アイザック・ニュートンは重力について間違っていたこと、第二に、重力を正しく理解するには物理学者は宇宙の振る舞いに関する基本的仮説を再考しなければならないということだった。アインシュタインは彼らに面と向かって、二度、話をし、さらに同じ議論を五十五ページの論文にまとめて科学アカデミーの学会議事録に発表した。論文が掲載されたとき、アインシュタインのもとには彼の考えの隅々を探っている外国の研究者からの手紙が何通か届いたが、根本的なことには何も触れていなかった。ベルリンではそこまでですら誰も掘り下げなかった。

アインシュタインは驚かなかった。その前年、ドイツ物理学会の長老マックス・プランクから、重力には手を出すなと警告されていた。難しすぎる問題で、「たとえ成功しても誰も信じないだろう」と。科学はよりよい考えの勝利を称えるかもしれない。だが科学者は、必ずしも、すぐに称えるとは限らない。そのアイディアに伴う新奇さが、受け入れるのに並外れた努力を要する場合は。

アインシュタインはプランクの忠告もほかの科学者たちの無関心も意に介さなかった。彼が十月に行った講演には、重力に関する自身の考えの可能な限り完璧な説明が含まれていた。問題は彼の方程式の解釈にあった。一定の条件では、アインシュタインの一九一三年から一九一四年にかけての理論は、特殊相対性理論のある重要な主張に反していた。互いに相対的な運動をしている観察者は皆、ある事象について時空の数学的言語で同じように描写するはずだという主張だ。

差し当たっては、アインシュタインはこの問題が、重力の影響下での運動に対する相対性理論の一般化を無効にするとは考えなかった。それは正しいはずだと、確信していた。それでも、不変でないことが気掛かりなのは確かだった。だが当座はそこまでたどり着くのが精一杯だった。誤りがあっても——まだ——気づくことができなかった。

第一次大戦の最初の年は、西部戦線の双方の一般兵士が言いだした、美しくも物悲しいクリスマス休戦で幕を閉じた。アインシュタインは一九一五年の最初の数か月を、実験物理学の荒野への不首尾に終わった小旅行をはじめ、さまざまな気晴らしに費やした。戦場のこと、自分が戦場に抱く嫌悪感について考え、その年の後半には自分の怒りを蒸留して戦争と平和について初めて公式に意見を述べた。

それから、八か月ほどぼんやりと心をさまよわせた末に、もう一度だけ重力と向き合おうと自分に言い聞かせた。

ダフィット・ヒルベルトは当時最も影響力のあるドイツ人数学者だった。今なお彼自身の研究と、一九〇〇年時点で未解決の問題を二十世紀の数学的研究を形づくるべく集めた「ヒルベルトの二十三の問題」で有名だ。アインシュタインにとって、ゲッティンゲン大学の教授だったヒルベルトは特別重要な人物だった。アインシュタインの研究に興味を持った貴重な一流数学者の一人だったのだ。ヒルベルトはベルリンの誰一人として求めようと思わなかったことをした。つまり、アインシュタインに彼の考えの現状について六回の踏み込んだ講演を行わないかと打診したのである。

六月下旬から七月上旬に行われた講演で、アインシュタインは相変わらず、それまでの二年間の成果は大部分満足のいくものだと確信していた。新たな一般理論を特殊理論と完全には一致させられなくても、あるいは一九一四年に発表した方程式が水星の正確な軌道を算出しなくても、気にしなかった。重力が最終的に幾何学に帰着することは、細部以外は正しいと確信したままだった。それはアインシュタインがゲッティンゲン大学で語ったことであり、六回の講演によってヒルベルトは重力に対するアインシュタインの新たなアプローチの必要性を受け入れる用意ができたと、アインシュタインは感じていた。

実際そのとおりだった。ヒルベルトはアインシュタインをすっかり信じて、特殊相対性と矛盾しない独自の重力理論に取り組み始める始末だった。アインシュタインがいつ、自分が八年間格闘してきた問題に取り組んでいるライバルがいることに気づいたのかも、新たに批判的な目で自分の研究を見直そうと決意したのかも、定かではない。遅くとも九月三十日には、友人で支持者のフロイントリッヒに、自分の理論が深刻なトラブルに陥っていると話している。きっかけはアインシュタインが、一九一二年に直面した問い、回転するシステムの理想化された表現の中で突き付けられた問いを、突然把握したことだった。回転する座標系における加速を分析してはじき出される結果は、加速と重力は等価であるという、取り組み全体の基本原則に反するように思える。それは「あからさまな矛盾」――このままでは理論にとって致命的だと、アインシュタインはフロイントリッヒに打ち明けている。その同じ欠点で、水星の正確な軌道を割り出せないことの説明がつくだろう、とアインシュタインは付け加えた。何より、前向きになれなかった。「自分が誤りを見つけられる立場にいるとは思えない」とアインシュタインは書いている。「この問題で堂々めぐりばかりしすぎているから」*

助けを求める悲痛な叫びだ！　フロイントリッヒから返事はなく（少なくとも手紙は残っていない）、いずれにしろアインシュタインは極端な理論家ではなかった。大したことではなかった。それから一週間足らずで今後の進め方を考え出した。頭の中で解決策が形をとり始めた途端、ぴたりと静かになった。十月八日以降、したためた手紙は四通のみ。団体への短いものが二通、チューリッヒの友人宛てに大部分は家族について書かれたものが一通、そしてアインシュタインが敬愛してやまない年上の研究者、オランダの物理学者ヘンドリック・ローレンツに宛てた、重力に関する新しいアイディアについて論じているかなり専門的な内容のものが一通。それ以外はすべての時間を思索と計算につぎ込んだようだ。

生涯で最も研究に没頭したと、アインシュタインはのちに振り返っている。

その後六週間の研究の進み方の詳細については記録は残っていないが、最後の追い込みの概略ははっきりしている。戦前のグロスマンとの共同研究で残したメモの一つで、アインシュタインは合わせると将来の最終結果のほぼ完璧なバージョンになるいくつかのアイディアに取り組んでいた。一九一三年に短期間いじってから却下している。それから二年を経て、アインシュタインはもう一度見直しに掛かろうとしていた。

*脚注＝ひどい人間だと思われたくはないが、私はこの告白がとても気に入っている。アインシュタイン自身は自分がミスをする可能性を疑ったことはなかったものの、ほかの人間に偉大な人物でも空回りをすることがあると思い起こさせる。そう思うと少なくとも私にとっては力になる。

それからの数週間、アインシュタインは当時の手法を使って、以前の研究結果に反する最大の問題を解決しようとした。それはつまり、いかなる状況においても加速と重力は等価であると証明することだった。十月が終わった。アインシュタインはもう少しのところまで来ていて、それを自覚していた。十一月四日木曜日、彼はウンター・デン・リンデンを通ってプロイセン科学アカデミーに自身の研究の進捗状況に関する四つの更新の第一弾を提出した。まだ新理論を完全に具体化したわけではなかった――未解明の最大の問題は、重力場の最終的かつ正確な方程式だった。重要な検証のどれに対しても具体的な結果を算出していなかった。それでも研究結果は今や理に適っていた。ようやく、一貫性のあるものになった。同じくらい重要なことに、アインシュタインの場の方程式の近似解がニュートンの運動法則を再現することを証明した――ニュートンが考えた世界のシステムが太陽系のほぼすべての運動を説明したことを思えば、それは必然だった。

アルベルト・アインシュタイン、1914年ベルリンにて

翌週の木曜日、アインシュタインは再びアカデミーを訪れて更新を提出したが、一つ誤りが見つかり、二週間後に訂正することになる。アインシュタインは帰宅して思索と計算を続けた。一週間が過ぎた。理論はしだいに堅牢なものとなり、現実と比較できるまでになってきた。数式の未解決の問題については大丈夫だと、アインシュタインは書いたものだ。あくまでも形式的なもので物理的なものではなく、細かい部分を気にしないことに「今のところは満足している」と。

その代わり、アインシュタインは問題の核心に向き合った。「質点、すなわち太陽を座標系の起点に」置いた。次にそうした質点が生み出す重力場を計算。その重力場内の事象を分析したところ、瞬時に最初の目新しい結果が現れた。太陽の周囲の星の光の湾曲で、それは以前の理論と同じだった。ただし一つ違っていたのは、太陽の縁ぎりぎりを曲がってくる光の湾曲率が一・七秒角と一九一三年の理論の予測値の二倍だったことだ。

それは序章、前座試合だった。メインイベント、すなわちアインシュタインの理論がほかの考え方では説明のつかない現実を捉えたと証明されるのはもうじきだった。二週間前にアインシュタインは重力場に関する自身の新たな数学的説明の最初の近似解――解像度の低い画像のようなもの――からニュートンの重力が自然に現れることを証明していた。彼は再度分析を行い、対象範囲を明白な次の問題に広げた。もう少し精密な近似、言ってみればより解像度の高い探査からは何が現れるのか。次の一ページは数学的議論で、ニュートンの近似値の条件を一つ変えて新しい方程式を生み出していた。

さらに七つの段階を経て、アインシュタインは自身の座標系の中心に恒星を据えたままで、恒星の周囲を回る惑星の軌道を分析するのに使える方程式を手に入れた。観測によってほんの一握りのパラメーターが分かれば、中心にある恒星の周囲を回るどんな天体の近日点移動も予測できるはずだ。

一九一五年十一月十一日から十八日。

アインシュタインは水星のデータを集める。その周期を書き留める。軌道のパラメーターと近日点を記入。数式に光の速さを加える。計算する。作業の各段階を完了するたびに数字が現れる。結果を覗く……。

一九一五年十一月十八日。

アインシュタインは科学的なやりとりに求められる折り目正しさの陰に感情を隠し、興奮した様子をほとんど見せずにプロイセン科学アカデミーでプレゼンテーションを行った。「水星に関する計算の結果」彼は聴衆に語った。「近日点移動は一世紀に四三秒角、一方、天文学者によれば観測結果とニュートンの理論との説明のつかないずれは一世紀に四五秒角プラスマイナス五秒角である」言わずもがなことを長々と論じた末に、アインシュタインは次のように付け加えた。「故にこの理論は観測結果と完全に一致する」

そんな感情のない口調でも反響の大きさは隠せなかった。ニュートンの世界観を守ろうとする何十年もの試みに終止符が打たれた。ヴァルカンは消え、息絶え、まったく必要とされなくなった。水星の軌道を説明するのに、物質の塊だの未発見の惑星だの小惑星だの、ちりだの太陽の赤道付近の膨らみだのといったものは一切必要なくなった。この新しい急進的な重力の概念さえあれば十分だった。非常に大きな質量を持つ太陽は時空を湾曲させる。太陽の重力場にしっかり捕らわれているため、その重力の井戸の奥深くにある時空を移動しているすべての物体と同様、水星の運動もその四次元の湾曲に従っている……ただし、歳差運動によって、この太陽に最も近い惑星の軌道の観測値とニュートン力学の理論値との間にずれが生じるのだ。*

ニュートンは幸運な男だと言われた。発見すべき宇宙は一つだけで、それを発見したからだ。ルヴェリエはペン先一つで惑星を発見したと言われていた。一九一五年十一月十八日、アインシュタインのペンはヴァルカンを破壊し——宇宙を新たに描き直した。

*脚注＝太陽からより遠いところでは、時空への太陽の影響は穏やかになり、ほかの惑星の軌道はニュートンの近似値に近づく（ただし現代の観測装置を使えば、太陽系の複数の天体の軌道における相対論的構成要素を探知することも可能だ）。

プライベートでは友人たちに囲まれて、アインシュタインは勝利の実感に身を委ねた。方程式そのものが正確な軌道を簡単にはじき出した。数値を入れれば水星が、アインシュタインの言葉を借りれば、まるで魔法のように飛び出してきた。理論と現実の完璧な一致にアインシュタインは純粋な驚異の念を覚えた。アカデミーで壇上に立つことになる週、机に向かっているとき、計算の最終段階で正解が飛び出してきたのだった。あのときは胸の中で心が本当に震えた——本物のときめきを感じたと、彼は友人に語っている。あたかも自分の中で何かがはじけたかのようだったと書き、別の友人には「喜びに我を忘れた」と語った。

だいぶ後になって、アインシュタインはもう一度、偉大な発見をして真っ先に、プライベートな瞬間に感じたものを表現しようとした。だが無理だった。アインシュタインは次のように書いている。「感じるのに表現できない真実を求めて闇の中を手探りした歳月、ようやく明晰さと理解に至るまでの強い意欲と、交錯する自信と不安」は「経験した者にしか分からない」

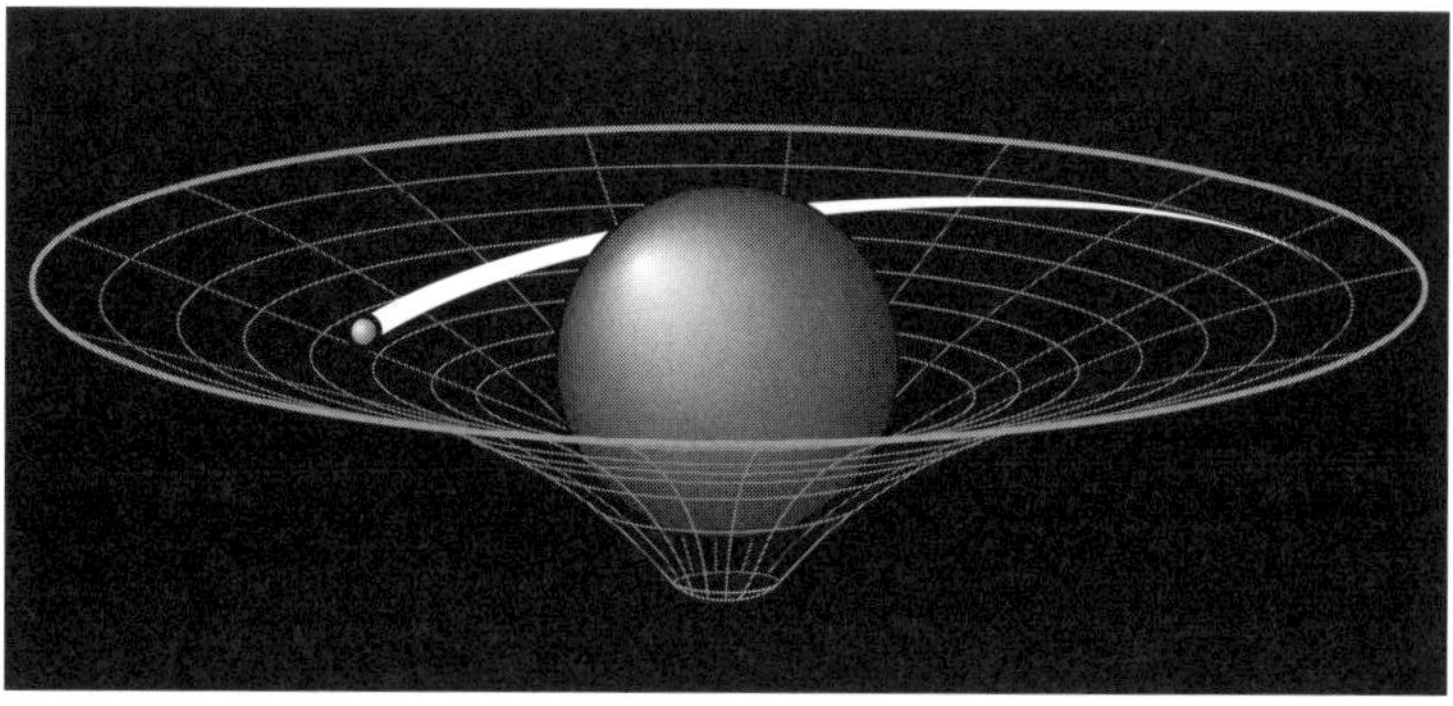

太陽が生み出す時空の大きな湾曲が、水星のとるべき軌道を決める——楕円軌道で、歳差運動と呼ばれる回転軸のぶれは1859年にルヴェリエが最初に定量化した観測結果とぴったり一致する

一般相対性の時代が幕を開けて三週間、ヴァルカンは永遠に去った。半世紀の間必要であると同時に不在であり続けた末に、ついに純然たる想像の産物だということが明らかになった。再三の「発見」は、ありのままではなくあるべきものを見ることがいかにたやすいかという実例にほかならなかった。

とはいえ、水星にとりついていた幽霊惑星を始末した時点では、アインシュタインが自らに課した仕事は完全に終わったわけではなかった。一九一五年十一月二十五日、アインシュタインは四週連続で木曜日にベルリン中心部に戻った。アカデミーで最後の重力理論を発表するべく登壇した。誤りも、不必要な仮説も、特別な観測者も、もはや一つも残っていなかった。研究は完了した。アインシュタインは発表を終え、おそらく必要に応じて会話をするために足を止め、それから去った。

満足感はいつまでも消えなかった。数日後、アインシュタインはベッソに「満足しているが、少しくたびれた」と語った。ある友人の物理学者に宛てた手紙ではさらにいくらか本音を漏らしている。問題の方程式をよく吟味してくれたまえ、「私の人生で最も貴重な発見なのだ」と。彼の発見を最も簡潔な形で表現すれば、一つの方程式になる。現在ではアインシュタイン方程式と呼ばれており、たった一行の数字と記号からすべてが導かれる。

$$G_{\mu\nu} = 8\pi G T_{\mu\nu}$$

等式の左辺は時間と空間、右辺は物質とエネルギーで、宇宙の二面性を表している。方程式はそれらの関係を定義する――ごく端的に言えば、この式は物質とエネルギーが一緒になってどのように時空(宇宙)が取るべき形状を決めるか、時空がどのように質量エネルギー(宇宙に含まれるすべて)の動きを決めるかを示している。その結果が普遍的な理論であり、その理論は宇宙の形や進化を説明し、ひいてはその究極の運命さえも説明する可能性を秘めている。

一九一五年後半、ある知的な革命が勝利を収めたばかりだということを、ほぼ全世界がまったく知らずにいた。第一次大戦の苦く残虐な時代はその後さらに三年続いた。一般相対性の意味するものを真に理解していたごく一握りの人々でさえ、戦争の影から逃れられなかった。東部戦線にいたカール・シュヴァルツシルトは、アインシュタインの講演録を手に入れるとすぐに一般相対性理論を貪り読んだ。一九一六年二月、まだ従軍中にアインシュタインの重力場方程式に対する最初の厳密解を導き出した――現在でいうブラックホールの存在を示唆する結果だった。そのような奇妙な可能性に重要な物理的意義があるのかアインシュタインは懐疑的だったが、それでもシュヴァルツシルトに代わって論文をアカデミーに提出した。

それがシュヴァルツシルトの科学者として最後の有意義な業績となった。不潔な戦場では病は弾丸にも匹敵するほど大きな脅威だった。シュヴァルツシルトはその春、珍しい皮膚病に感染。二か月後に命を落とした。アインシュタインはシュヴァルツシルトのこのうえなく愛国主義的な政治信条をひそかに嘆いていたが、それでも公には恐ろしいほど強靭な精神の持ち主の死を悼んだ。

ヴァルター・ネルンストもアインシュタインの同僚で大戦に巻き込まれた一人だった。ベルリン大学の化学者で一九一三年にアインシュタインをベルリンに呼び寄せるべく、はるばるチーリッヒまで赴いた人物だ。一九一四年八月、ネルンストはより茶番めいた旅に乗り出した。妻から軍人らしい態度をたたき込まれた後、パリに向かうドイツ軍部隊の伝令役が務まるかどうか確かめるため、自家用車で西に向かって疾走した。眼鏡を掛けた五十歳の教授は前線では大して役に立たず、すぐにベルリンに戻った。しかし息子二人は陸軍兵士として戦地に赴き、一九一七年には二人とも戦死していた。アインシュタインが戦争フィーバーに抱いた強い嫌悪感はそうした友人たちへの無慈悲な軽蔑につながってもおかしくなかったが、そんなアインシュタインにとってさえ、「だから言ったじゃないか」と突き放すにはあまりにも耐え難い惨事もあった。ネルンストの息子たちの悲報を受けて、「憎み方を忘れてしまった」とアインシュタインは語った。

そうした死は数百万に上った。世界の科学界に残されていた、時空の幾何学について考えられる知性の持ち主は、ほぼ根こそぎヨーロッパの遺体安置所に連れていかれたと言ってもいいほどだった。その結果、一般相対性理論は厄介な状況に置かれた。水星軌道の問題が解決したことは新理論が正しいという強力な主張だった。しかし新たに導き出された結果というのはすべて、最終的にはその予測によって検証されるものだ。つまり、未知の現象が観測や実験によって裏付けられる(あるいは裏付けられない)ことがその予測によって明らかになるかどうかが決め手となる。一般相対性理論はいくつかそうした予測をし、うち一つは既存の技術ですぐに検証可能だった。太陽の質量による光の湾曲はニュートンの理論が予測する〇・八七秒角の二倍、一・七秒角になるという予測だ。かくして、またしても物理学の主張の運命を決する重要な試練は皆既日食と共にめぐってくることになる。

ヨーロッパが必死の塹壕戦を繰り広げる中、遠征隊を組織できる見込みはほとんどなかった。それでも大戦が永遠に続くはずはなく、一九一七年後半、一握りのイギリス人科学者が次の観測可能な日食に向けて計画を練り始めた。次の日食は一九一九年五月二十九日、南大西洋上空で観測できる見込みだった。平和が訪れた同年春、二人一組のチームが二組、一組はブラジル北東部のソブラルへ、もう一組は西アフリカ沖の小さな島プリンシペへと旅立った。プリンシペ組は天体物理学者アーサー・エディントンとその助手で、四月二十三日に島に到着した。二人は対照画像として、皆既日食時の太陽周辺の同じ星と比較するため夜の星空の星野写真を撮影した。ニュートンの理論でもアインシュタインの理論でも、それらの星の位置は対照写真と実際の日食時の写真とでは変わるはずだった。問題はどの程度変わるかだった。

五月二十九日、観測者たちは例によって皆既日食にいたぶられた。夜明けと共に土砂降りの雨が降った。正午には雨は勢いを増し、午後一時三十分、部分日食が始まってだいぶたってから、ようやく太陽がその日初めて顔を出した。それから数分間は再び雲が厚く垂れ込め、皆既日食が近づくにつれて晴れていくといった具合で、「きっとうまくいくと信じて計画どおりに写真撮影を進めるしかなかった」と、エディントンはのちに振り返っている。プリンシペ組は十六枚の写真を撮影したが、有望なのは最後の六枚だけだった。そのうち四枚はイギリスで現像しなければならず、残る二枚のうち、予備分析が可能な程度に星空がきれいに撮れているのは一枚のみだった。それから四日後の六月三日、エディントンはようやくテスト画像を皆既日食時に記録された星の位置と比較することができた。

エディントンは求めていた答えを見つけた。一・六一秒角プラスマイナス〇・三――一般相対性理論を裏付けるものとしてアインシュタインが予測した結果に十分近い数値だった。生涯最高の瞬間だったと、エディントンはのちに当時を振り返ることになる。公式には彼はもう少し慎重だった。プリンシペからイギリスに送った電報はごく簡単なものだった。「雲間あり。有望。エディントン」

当のアインシュタインは結果を疑いもしなかった。その夏、友人が二人訪ねてきた。ポール・オッペンハイムとその妻ガブリエル・オッペンハイム＝エレラだった。アインシュタインは体調が悪く、ベッドで二人を迎えた。三人が話しているときに、ローレンツから最終的な裏付けではないものの有望な知らせを伝える電報が届いた。ガブリエル・オッペンハイム＝エレラは七十五年後に当時を振り返っている。アインシュタインはパジャマ姿だった。靴下を履いているのが見えた。そこへ電報が届き、アインシュタインがそれを開いて、こう言った。「私が正しいことは分かっていた」感じていた、ではなく、信じていた、でもなかったと、オッペンハイム＝エレラは主張した。「彼は言ったの、『分かっていた』と」

今では、私たちのゆがんだ宇宙の日常の中に、ヴァルカンは好古趣味の興味の対象としてさえ、ほとんど姿を現さない。ごく一握りの人々がヴァルカンの物語をおぼろげに記憶しているだけで、そのほとんどが歴史好きの物理学者や天文学者だ。彼らにとって、ヴァルカンは教訓的な話だ。自分が見たいもの、見つけたいと期待するものを見るのがいかにたやすいか。ルヴェリエ自身、こうした話ではとくにお粗末な結果に終わり、水星についての自分の分析が暗示するものに非常に強い確信を持ち、海王星を発見したときの栄光をもう一度味わいたくてたまらず、温厚なアマチュア天文家である田舎の医師を未完の大器に仕立ててしまった。ルヴェリエ以外の人々は、ワトソンのように、自分は皆が長いこと探し求めていた幻の惑星を発見したと死ぬまで信じ切っていた――彼らは皆、厳密で合理的で無慈悲なまでに実験や観測を重視する科学の世界に私欲の入り込む余地はない、という警告の役割を果たし得る。人はどうしても、過去をありのままの過去ではなく、昔の人間は現在の私たちほど利口でないとみなしたくなるものだ。事によると、ヴァルカンの存在を信じる人たちがどこか滑稽に思えるのはそのせいかもしれない。ジャックウサギの偽物に引っかかったエジソンのように、振り向いたら何の冗談かと野次馬が集まっていた、ということになりかねない。

例外は――エディントンの決め手となった写真の中から、これに関係する話を紹介しよう。

そうした結果の発表はアインシュタインを一躍世界の有名人にし、死後六十年が過ぎた今もその名声はあせることがない。アインシュタインが名声を手にしたのは、エディントンと同僚たちが期待どおりのものを見つけたと自分自身を欺いていないと確信した末のことだった。もう一組がソブラルで皆既日食を観測していたのをご記憶だろうか。ソブラルは好天に恵まれ、ソブラル組はエディントンより何枚か多く有益な写真を撮影した。それらの写真を分析したところ、プリンシペ組が主張したずれの半分しか示されていない——つまりアインシュタインではなくニュートンの理論による解であるように思えた。ソブラル組の写真に誤りがあるに違いないとエディントンは考えた。しかし、そんな誤りは簡単には見つからなかった。九月になっても、エディントンは観測されたずれは二つの予測値の間にあると述べるにとどめていた。

それは時間稼ぎだった。翌月、エディントンと同僚たちはソブラル組の主要観測装置に光学的欠点があり、それが結果に系統的に誤りを生んでいることを裏付けた。プリンシペのもう一つの装置で撮影した写真が七枚、新たに見つかり、それらは一貫してアインシュタインの数値を示し、プリンシペの最良のデータを裏付けていた。おかげでエディントンは矛盾する画像を無視し、王立協会に警告しても当然だと感じた。

エディントンが正しかったのは言うまでもなく、それ以上の弁護は必要ない。ソブラル組のメインの観測装置には不備があった。エディントンの最良の画像はこのうえなく正確に近かった。そしてもちろん、一般相対性理論はそれ以来、あらゆる試練を生き延びてきた。宇宙の誕生と進化から携帯電話のGPS（全地球測位システム）の精度まで、あらゆることと切っても切り離せない。ブラックホール、重力レンズに重力波、宇宙のインフレーション、ひいてはタイムトラベルについての憶測（可能性はゼロに近いが、完全に否定されたわけではない）まで――以上はすべて一般相対性理論の寓話集に属している。それだけではない。一般相対性理論は非常に説得力があるばかりか、物理学の分野だけでなく、科学を含むより広範な文化において新たな見方を生んできた。

人間のある真実を言っておく。焦がれる思いで太陽表面を覗き見た十九世紀の天文学者や物理学者やごく普通の好奇心を持つ人々も、当時の宇宙の理論とそれがヴァルカンの現実味について暗示するものに関して、そっくりなことを言ったとしてもおかしくなかっただろう。

では、太陽に最も近い惑星が存在しないことと、

LIGHTS ALL ASKEW
IN THE HEAVENS

Men of Science More or Less
Agog Over Results of Eclipse
Observations.

EINSTEIN THEORY TRIUMPHS

Stars Not Where They Seemed
or Were Calculated to be,
but Nobody Need Worry.

1919年11月10日月曜日のニューヨーク・タイムズの見出し

一般相対性理論が普遍的な勝利を収めたことからは、どんな教訓が引き出せるだろうか。少なくともこれだけは言える。人が何かを知る方法として科学が他に類をみないのは、自己修正するからだ。主張というのはどれも暫定的なもの、つまり不完全であり、ささいな、ときには実に重大な結果を伴う。だが論争のさなかには、知識と自然との乖離が何を意味するのか確信を持つことは不可能だ。私たちは今ではヴァルカンが存在するはずもなかったことを知っている。アインシュタインがそれを証明してみせたのだ。しかしそうした確信に至る道は、ルヴェリエにとっても、その後半世紀の間に彼の後を引き継いだ人々にとっても存在しなかった。彼らに欠けていたのは事実ではなく枠組み、ヴァルカンの不在を理解できるかもしれない別の見方だった。

そうしたひらめきは得ようと思って得られるものではない。別の見方をひらめくまでは、新たに発見したことをすでに真実だと分かっているものをとおして解釈するしかない。五十年にわたって頑なに存在する可能性を守り続けたヴァルカン自体、幻の向こうを見ることがどれほど難しいか、そして、ニュートンの重力理論とその後を継いだ一般相対性理論を生み出すことが共にどれほど真に影響力のある偉業だったかを示している。

（ほぼ）最後にアインシュタインに触れておく。一九一八年、アインシュタインはドイツ物理学会で講演した。その際、理解できるぎりぎりのところで自然を問いただそうとしている人間の頭の中で何が起きているかを説明しようとした。論理や厳密さや並外れた知能の話はしなかった。むしろ、偉業の原動力は「見たいという強い憧れ……事前の調和」だと語った。もちろん、そこに至るまでにはいつもどおり研究し、数学を学び、計算をし、延々と試行錯誤を繰り返す必要があった。すべて避けて通れなかったことだ。それでも来る日も来る日もそれをこなせば、ある状態になるべくしてなった。「この種の仕事ができる精神状態は」アインシュタインに言わせれば、「敬虔な崇拝者もしくは恋する者のそれに近い。日々の努力は故意や計画からではなく心から直接生まれる」。

二世紀あまりにわたって、人類はニュートンの発見した宇宙に暮らしていた。ヴァルカンの不在は私たちの住処を壊しはしなかった。むしろ、ニュートンの宇宙はヴァルカンの死が刻まれた墓標だ。

現在は、かつては奇妙に思えたが、実際には美しいアインシュタインの宇宙が、私たちの住まいだ。

謝辞

本書を世に送り出すことができたのは、何よりもまず、次に名前を挙げる人たちの功績である。担当編集者のサム・ニコルソン、これまでとはだいぶ趣の違うものを執筆する契約を私に結ばせた張本人だ。サムとランダムハウスが歓迎してくれたからこそ、私は自分の思うところを追求し本書に結実させることができた。サムの編集はきめ細かでぶれることがなく、常に親切で、校正のたびに原稿がみるみるよくなっていった。エージェントのエリック・ルーファー、このプロジェクトをその思いも寄らぬ懐胎から誕生まで巧みに導きとおし、その後も引き続き、私の著作にとって導き役の鑑ともいうべき存在だ。二人に心からの感謝を捧げる。「アイディアとしては面白そう」という段階から先へ本書が進めたのは、元をただせば非常に貴重な友人たちとの二つの会話のおかげだ。何年か前、私の過去の著作のイギリス版の担当編集者であり、その後、新しい版元から本書を刊行しているニール・ベルトンが、ディナーの席でヴァルカンの数奇な歴史を話題にする機会をくれた。本にすべきだと言いだしたのは彼のほうだった。それが執筆を考えるきっかけにはなったものの、プロジェクトが始動するまでにはもう一つの出会いがあった。二〇一四年春、タナハシ・コーツが本書のアイディアを私に一通り説明し、それから三度目か四度目に会った折に、言葉の山を積み重ねた結果がどうなるかは気にせず、とにかく書き始めるべきだと言った。そうした号令がなかったら、本書はこの世に存在しなかっただろう。タナハシにもニールにも感謝を捧げ、今度会う際には極上の一献も差し上げたいと思っている。

知識や理解を深めるという点では、何と言っても、私よりも先に、存在しない惑星に取り憑かれた著述家たち、研究者たちに負うところが大きい。リチャード・バウムやウィリアム・シーハン、N・T・ローズヴェア、ロバート・フォンテンローズ、ジャム・ルクーの著作を参考文献リストで紹介しているので参照されたい。一部の解釈をめぐっては異議を唱えてはいるが、はるかに偉大な思索家がかつて述べたとおり、私は彼ら巨人たちの肩の上に立っている。

この場を借りて、マサチューセッツ工科大学の同僚デヴィッド・カイザーとアラン・アダムズ、カリフォルニア工科大学のショーン・キャロル、コーネル大学のポール・ギンスパーグにとくに感謝する。全員が完成までのさまざまな段階で原稿に目を通し、デヴィッドの場合は、間違いを正すための再三の試みを査読するというつらい作業を、厭わず引き受けてくれた。物を書く人間にとって彼ら以上に寛大な同僚はいるまい。彼らの一人一人が本書に磨きをかけた。彼らの最善の努力にもかかわらず、まだ何か誤りが残っているとしたら、それはひとえに私の責任である。マット・ストラスラー教授からは水星の問題の歴史に関する情報源について助言を頂いた。より長期的には、アブラハム・パイス、サイモン・シャッファー、ジェラルド・ホルトン、ピーター・ギャリソンとの長年にわたるやりとりが、物理学の歴史とその最も注目すべき英雄たちについて私の理解をより鮮明にしてきた。彼らのように優秀で多忙な博識者の助けを借りられることに、このうえなく感謝している。

本書のための調査でお世話になった皆様に万歳三唱を。キャラ・ジャイモからは過去の新聞記事の検索に際して貴重な協力を頂いた。アメリカンヘリテージ・センターとワイオミング大学へバート歴史地図コレクションの公文書管理担当者は問い合わせに快く応じ、時間と知識を惜しみなく分け与えてくれた。カーボンカウンティ博物館のスタッフも負けず劣らず親切に、予期せぬ貴重な資料を作成してくれた。カーボン郡保安局にも感謝しないわけにはいかない。セパレーションがかつて存在した正確な地点を突き止めようなどという、あまりに無謀な試みの最中に雪と氷の塊にレンタカーごと突っ込んでしまったとき、そこから引っ張り出してくれた。そう、私はかくも口先ばかりのやわな都会人だった。

本書を世に送り出すのに力添えを頂いたランダムハウスの皆様にも感謝している。とりわけアソシエイト・パブリッシャーのトム・ペリー、コピー・エディターのレダ・シャイントブ、表紙デザインのジョセフ・ペレス、ブックデザインのサイモン・M・サリヴァン、それから画像の使用権・使用許可に関する手続きを手伝ってくれた出版インターンのリリー・チョイに、声を大にしてありがとうと伝えたい。

重複する部分もあるが、このプロジェクトを（そして著者を）最初から最後まで大切に育ててくれた家族や友人や同僚に心から感謝する。MITの同僚たちは終始頼もしく賢明で協力的で最高だった。マーシャ・バトゥーシャク、アラン・ライトマン、セス・ムヌーキン、シャノン・ラーキン。MITの比較メディア研究ライティング（CMSW）のトップ、エド・シアッパをはじめ、CMSWのすべての同僚たち——とりわけ、この仕事のいくつかの段階を私に一通り説明してくれたジュノ・ディアスとジョー・ホールドマン。長年の友人にして知的刺激の源泉でもあるMIT博物館長ジョン・デュラント。科学とサイエンスライティングの領域全体から多くの友人や仲間が寄せてくれる励ましにも助けられている。思いつくまま名前を挙げる。カール・ジンマー、リサ・ランドール、ニッキー・(ヴェロニク)・グリーンウッド、ショーン・キャロル、ローズ・エヴェレス、ニール・ドグラース・タイソン、ジェニファー・ウーレット、ブライアン・グリーン、レベッカ・セールタン、デイヴィッド・ボダニス、アン・ハリス、エド・ヨン、デボラ・ブラム、ジョン・ルビン、ベン・リリー、ジョン・ティマー、マリーン・マッケーナ、イアン・コンドリー、レベッカ・サクス、エド・バーチンガー、ナンシー・カンウィッシャー、スティーヴ・マッカーシー、アローク・ジャー、ヴァージニア・ヒューズ、スティーヴ・シルバーマン、マギー・コース＝ベイカー、ケヴィン・フォン、デイヴィッド・ドブス、アナリー・ニューイッツ、エリック・マイケル・ジョンソン、マイア・サラヴィッツ、ティム・ド・シャン、ティム・フェリス、エイミー・ハーモン。MIT大学院課程サイエンスライティング専攻のわが教え子たち、なかでも本書の誕生に立ち合った二〇一五年度修了組に心から感謝する。レイチェル・ベッカー、クリスティーナ・カウチ、キャラ・ジャイモ、マイケル・グレシュコ、アンナ・ノヴォゴルドスキ、レイチェル・シュウォーツ、ジョッシュ・ソコル。

親戚も含めて家族には、本書のことだけにとどまらず感謝している。きょうだいのリチャード、アイリーン、レオと、その配偶者であるジャンとレベッカ。義理のきょうだいであるジョン、クリケット、ジュディ、ゲイ、ハインツ、ネヴァ、ゼフ。姪たち、甥たち（それからその子供たち！）。愛情深く、理解を示し、生涯にわたって私を支えてくれている彼らに、深く感謝している。皆、本書の売れ行きを（あまりにもうるさく）訊かないよう心得ているから……というのは理由の一つにすぎない。

私が感謝すべき最後の人々については、とても言葉では言い尽くせないが、それでもあえて言おう。年々歳々、彼らは私に忍耐、寛容、笑い、必要に応じて気晴らし、そして何より愛という贈り物を与え、さらに多くを与えてくれた。二人のうち一人でも欠けていたら、この本も著者である私も今こうしてここにたどり着いていないはずだ。息子ヘンリー、そして妻キャサからこんなにもたくさんの贈り物をもらっている私は、なんと幸運なのだろう。

訳者あとがき

ヴァルカンを捕獲せよ――。

十九世紀後半、ヨーロッパを中心に世界中の注目を集めた「存在」があった。太陽系で水星より内側に公転軌道を持つ仮説上の惑星、ヴァルカンである。

当時はガリレオやニュートンらによる十七世紀の科学革命を経て近代科学の基礎と方法論が確立され、ニュートン力学が絶対視されていた。そんな中でニュートンの理論で説明できない謎が一つだけ残っていた。水星軌道のずれだ。理論と観測結果を一致させて理論の正しさを証明するべく、科学者たちは「犯人」探しに奔走。水星軌道の内側に未知の惑星が存在し、その重力が水星の軌道のずれを生んでいるのではないかという仮説を立てて、幻の惑星の探索にのめり込んでいく。

本書はそのヴァルカン探索という壮大なロマンを追いかけた人々の姿を、天文学・物理学の歴史を絡めながら、鮮やかに描き出す。著者トマス・レヴェンソンはサイエンスライターでドキュメンタリー映画の製作などにも携わっている。『ニュートンと贋金づくり』では王立造幣局長官となったニュートンとイギリス史上最悪の巨額贋金事件の首謀者との頭脳戦を取り上げ、天才科学者の知られざる一面に光を当てた。本書では原題（*The Hunt for Vulcan...And How Albert Einstein Destroyed a Planet, Discovered Relativity, and Deciphered the Universe*）のサブタイトルにもあるように、ニュートン力学の申し子として幻の惑星が「誕生」し、長きにわたって探索者たちの追跡を逃れ続けた末に、もう一人の偉大な科学者アインシュタインによって永遠に葬り去られるまでを、アインシュタインがいかにして「相対性を発見し、宇宙の謎を解明」したかと絡めてドラマチックに描いている。

ニュートン力学の確立、その後継者たちによる検証と改良、そして二度の世界大戦を背景にして繰り広げられるニュートン力学から相対性理論へのパラダイムシフト。ニュートンやアインシュタインをはじめ、天文学・物理学の進歩に重要な役割を果たした科学者たちが、時代の大きなうねりの中で真実を求めて格闘する姿には、人間としての葛藤や苦悩、野心、プライドなども見え隠れする。

ヴァルカンに翻弄されたのはこうした有名な天才たちだけではない。星図を手に空を見上げた名もなきアマチュア天文家も数多くいた。なかでもフランスの田舎町の開業医レスカルボーのエピソードは印象的だ。少年時代から星に魅せられ、診療の合間を縫っての天体観測にささやかな慰めを見いだしていた男が、いかにしてヴァルカン探索の熱狂の中で世紀の「大発見」の主役にまつり上げられていったのか。その後も生涯、町医者で通したという彼は、再び星を眺める喜びを取り戻せたのだろうか。ふと、戦火の絶えないアフガニスタンで、命懸けで天体観測を続けているというアマチュア天文家たちの話を思い出した。

人工知能（AI）もコンピューターもなかった時代に、人間の頭脳と手計算だけではじき出された数値の精確さには目を見張るものがある。ニュートンの「巨人たちの肩の上に乗っている」という言葉どおり（この言葉自体は実はライバルのロバート・フックの身体的欠陥に対する当てこすりだったとも伝えられるが）、科学の進歩が先人たちの偉業の上に築かれてきたことをあらためて思い知らされる。

しかもアインシュタインはそうした緻密な計算を特許庁に勤務しながらこなしたというのだから驚きだ。本書に登場する人々だけではない。たとえば、日本の和算の大家である関孝和（一六四二年〜一七〇八年）は、本職は甲府藩の勘定吟味役、つまりアインシュタインと同じく公務員だった。関は本業のかたわら独学で数学を学び、当時としては世界の最先端を行っていたという（余談だが一九九四年に発見された小惑星は彼にちなんで関孝和と名付けられた）。真理を追究することに憑かれた人々の情熱は、アインシュタインの言葉どおり、ひたむきで「恋心」にも近い。

その反面、自分が絶対だと信じる理論のほうに現実を合わせようと悪戦苦闘する人々の涙ぐましい努力はときに滑稽ですらある。人間というものは、ひたすら真実を追い求めていたはずなのに、知らず知らずのうちに「自分が見たいもの」を追い求めていた、ということになりがちらしい。それだけに試行錯誤を繰り返して自己修正していくのが科学の強みだという著者の指摘には大いにうなずけるものがある。

いや疑いは人間にあり、天に偽りなきものを――。能『羽衣』の一節だ。漁師に羽衣を奪われた天女は、衣を返してくれれば天上の舞を見せようと約束するが、漁師は衣を返したら舞を舞わずに天に帰ってしまうのではないかと疑う。そんな漁師を天女が戒める言葉である。今も昔も人間のさがは変わらないということか。巷に「フェイク」が蔓延する中、思わず天を仰いでみたくなった。

最後になりましたが、出版に当たっては多くの方々のお力添えを頂きました。ニュートン力学や相対性理論など難解な部分について、貴重な時間を割いて分かりやすく解説してくださった東京大学大学院理学系研究科の須藤靖教授。ヴァルカンさながらに捕獲し難い原文を読み解く上で惜しみない助力をくださった Mike Loughran さんと校正の谷内麻恵さん。原書のクールかつエレガントな装丁を生かしつつオリジナリティも感じさせる素敵なカバーをデザインしてくださった森敬太さん。原稿に目を通し貴重なアドバイスをくださった菊田智史さん。そして、本書を訳す機会を与えてくださり、訳文推敲の悪戦苦闘に最後までお付き合いくださった亜紀書房編集部の田中祥子さん。お世話になった皆様にこの場をお借りして心より御礼申し上げます。

二〇一七年一〇月

小林由香利

＊ヴァルカンの「誕生」から「消滅」までの流れを簡単にまとめておきます。ご参考になれば幸いです。

一六八七年　ニュートン『プリンキピア』出版。
一七八一年　ハーシェル、天王星を発見。
一七八八年　ラプラス、土星の減速と木星の加速がニュートンの理論に矛盾しないことを証明。
一八四六年　八月、ルヴェリエが天王星の軌道のずれの原因となっている未知の惑星の位置を予測。九月、予測に基づいてガレが海王星を発見。

一八五九年　ルヴェリエが水星軌道の内側に未知の惑星が存在する可能性を指摘。三月、レスカルボーがそれらしき天体を「発見」。

一八六〇年　二月、レスカルボーの「新惑星」をヴァルカンと命名。以後、世界各地でヴァルカン探索が続くも観測できず。

一八七八年　七月、ワトソンがヴァルカン「発見」を報告するが確証を欠く。その後も探索は不発に終わり、探索ブームは下火に。

一九〇五年　アインシュタイン、特殊相対性理論を発表。

一九〇七年　アインシュタイン、特殊相対性理論の一般化につながるヒントを得る。

一九一五年　アインシュタイン、一般相対性理論を発表。水星軌道のずれは未知の惑星ではなく太陽の重力による光の湾曲で説明できることを証明。これをもってヴァルカンの存在は完全に否定された。

トマス・レヴェンソン Thomas Levenson

マサチューセッツ工科大学(MIT)教授(サイエンス・ライティング)。主な著書に『新しい気候の科学』(晶文社)、『錬金術とストラディヴァリ――歴史のなかの科学と音楽装置』『ニュートンと贋金づくり――天才科学者が追った世紀の大犯罪』(以上、白揚社)などがある。テレビプロデューサーとしてPBS、BBCなどの長編科学ドキュメンタリー番組を数多く手がけ、米国科学アカデミー(NAS)コミュニケーション賞、ピーボディ賞(放送界のピュリッツァー賞とも呼ばれる)、AAASウエスティングハウス科学ジャーナリズム賞などを受賞。昔々、はるか彼方の知的な銀河において、ハーバード大学で東アジア研究を専攻し、現在は若気の至りでいろいろと無茶をした場所から3キロメートルほど離れたところで、妻キャサと、目に入れても痛くない息子ヘンリーと共に暮らしている。

小林由香利 Yukari Kobayashi

翻訳家。東京外国語大学英米語学科卒業。訳書にエドワード・O・ウィルソン『ヒトはどこまで進化するのか』サイ・モンゴメリー『愛しのオクトパス――海の賢者が誘う意識と生命の神秘の世界』(以上、亜紀書房)、アート・マークマン『スマート・チェンジ――悪い習慣を良い習慣に作り変える5つの戦略』(CCCメディアハウス)、ケヴィン・ダットン『サイコパス――秘められた能力』(NHK出版)などがある。

幻の惑星ヴァルカン

アインシュタインはいかにして惑星を破壊したのか

2017年11月19日 第1版第1刷発行

著　者:トマス・レヴェンソン

訳　者:小林由香利 ©Yukari KOBAYASHI 2017

発行所:株式会社亜紀書房 〒101-0051 東京都千代田区神田神保町1-32
TEL 03-5280-0261(代表) 03-5280-0269(編集)
http://www.akishobo.com/ 振替 00100-9-144037

原書カバーデザイン:Nick Misani

ブックデザイン:森敬太(合同会社 飛ぶ教室)

本文DTP:山口良二

印刷所:株式会社トライ
http://www.try-sky.com/

ISBN 978-4-7505-1528-1 C0040

Page 26: Wellcome Library, London

Page 28: © RMN-Grand Palais / Art Resource, NY

Page 57: bpk, Berlin / Friedrichstadt (Schleswig- Holstein), Germany / Art Resource, NY

Page 63: © The British Library Board, Yates Thompson 31f45.

Page 64: Whipple Library, University of Cambridge

Page 125: Carbon County Museum / Rawlins, WY

Page 193: アルベルト・アインシュタインからジョージ・アーリー・ヘイルに宛てた手紙（1913年10月14日付）。© Albert Einstein Archives, The Hebrew University of Jerusalem; George Ellery Hale Papers, Huntington Library, San Marino, CA

索引

[え]

[お]

[か]

[こ]

[さ]

[し]

[**す**]

[**せ**]

[そ]

[た]

[ち]

[つ]

[て]

[み]

[も]

[ゆ]

[ら]

[り]

[る]

歴史的解釈というものはそれまでの解釈に依拠すると同時に異議を唱えるものだ。本書も例外ではない。本書で引用した書籍や論文の一覧を以下に掲載しているが、特に貴重だったものを、本書が対立するものも含めて、何点か、ここで触れておきたい。

まず、必ずしも同等ではないが真っ先に挙げたいものをいくつか。アイザック・ニュートンに関心のある向きには、何と言ってもRichard Westfall, *Never At Rest*(『アイザック・ニュートン1・2』リチャード・S・ウェストフォール著／田中一郎、大谷隆昶訳／平凡社／1993年)がお勧めだ。ニュートンの伝記の決定版である。ニュートンの科学における理論寄りの確固とした根拠を提供する。その一方で、語り口は包括的で素晴らしく読みやすい。参考文献リストと注解にいざなわれて、読者は興味の赴くまま、ニュートンの経歴のあらゆる面を追うことができる。I. B. CohenとAnn Whitmanによる英訳版『プリンキピア』もぜひ。入手可能な英訳版では屈指のデザイン(図版に大きく左右される本にとっては重要)だが、何と言ってもこの英訳版の真価はコーエンによる読書案内にある──300ページを超える説明と解釈で、それだけで本1冊分になる。またとない1冊だ。

19世紀の惑星ハンターたちの物語も広範囲の専門家や一部の人気ライターを引き付けてきた。いくつかの著作は、それ自体が物語や解説としても、また、根底にある主要な資料の手引きとしても、本書の構成に欠かせないものだった。ルヴェリエの進展の詳細については、大部分をジャム・ルクーの近著でルヴェリエのやや理論的な伝記に拠った。ヴァルカンについては、海王星発見の裏話についても1859年以降にたどった運命についても、Richard Baum and William Sheehan, *In Search of Planet Vulcan*に負うところが大きい。同書の長所は数々あるが、その一つは出典を綿密に記載している点で、明快な語り口でも19世紀の天文学に関する主要文献への入口としても、すこぶる有益だった。実際、同書こそが著者が本書を執筆したいと思った動機であり、綿密な調査に基づいて書かれているものの、その解釈をめぐっては著者自身は異議も多かった……その議論を本書に埋め込んでいる。

BaumuとSheehanも著者も共に大いに活用したのが、歴史家Robert Fontenroseの著作で、ヴァルカンの目撃談に関する論文は、19世紀後半の専門家や一般大衆による仮説上の惑星の探求をめぐる記述への包括的な手引きといえよう。最後にN. T. Roseveare, *Mercury's Perihelion*は水星軌道に関して、近日点前進が発見

されてアインシュタインが最終的に解決するまで——さらに自然と一致する一般相対性理論に代わる理論を構築するべく提示されたが(今のところ)うまくいっていないものまで——に提示されたさまざまな説明を、綿密に理論的に記述している。

アルベルト・アインシュタインと一般相対性理論への道のりについては、多くの借りがある——この非凡な人物に長年とりつかれた著者に時間を割いて付き合って下さった人々については謝辞を参照されたい。ここでは執筆の準備段階でとりわけ有益だった3冊を挙げる。1冊目は出版から30年余りを経た今なお、専門知識に裏付けられた全一巻のアインシュタインの伝記としては最良の1冊、Abraham Pais, *Subtle Is the Lord*(『神は老獪にして…:アインシュタインの人と学問』アブラハム・パイス著/西島和彦 監訳、金子務、岡村浩、太田忠之、中沢宣也 訳/産業図書/1987年)だ。アインシュタインの論文のその後の研究によって、アインシュタインの多くのテーマに関する考えが発展した正確な経緯について相当な量の新しい情報が得られたとはいえ、アインシュタインの友人であるパイスの著作は今なお、アインシュタインの科学的追求と業績全般を包括的に考えるうえで不可欠な出発点であることに変わりはない。Albrecht Folsing, *Albert Einstein* はアインシュタインの生涯の模範的な記述であり、科学的な視点からたどるにはパイスによる伝記よりはるかにとっつきやすい。同様の範疇では、Walter Isaacson, *Einstein*(『アインシュタイン:その生涯と宇宙(上・下)』ウォルター・アイザックソン著/二間瀬敏史監訳、関宗蔵、松田卓也、松浦俊輔訳/武田ランダムハウスジャパン/2011年)が一般向けの主な伝記のなかでは最新で読み物として最も楽しめる。数学的な手ほどきが必要な向きにはパイス版をお勧めするが、そうでなければアインシュタインをめぐる旅の出発点としてうってつけだ。

最後にもう2冊、非常に頼りにした書籍がある。どちらも著者自身の本だ。*Newton and the Counterfeiter*(『ニュートンと贋金づくり』トマス・レヴェンソン著/寺西のぶ子訳/白揚社/2012年)と*Einstein in Berlin*は本書の執筆に大いに関係し、前述のとおり、1章、パート3、および「それから」には上記2冊の記述に手を加えて再掲した箇所がある。

Airy, George Biddell. "Account of Some Circumstances Historically Connected with the Discovery of the Planet Exterior to Uranus." *Monthly Notices of the Royal Astronomical Society* 7 (November 8, 1846).

Anonymous (leader). "Miscellaneous Intelligence: A Supposed New Interior Planet." *Monthly Notices of the Royal Astronomical Society* 20, 3 (January 13, 1860): 98-100.

Baedeker, Karl (firm). *Paris and Environs with routes from London to Paris and from Paris to the Rhine and*

Switzerland: Handbook for travellers. 7th ed. 増補改訂版。Leipsig: K. Baedeker, 1881.

Baum, Richard L., and William Sheehan. *In Search of Planet Vulcan.* New York: Plenum Press, 1997.

Bell, Trudy E. "Gould, Benjamin Apthorp." Entry in the *Biographical Dictionary of Astronomers.* New York: Springer, 2014, 833-36.

Benson, Michael. *Cosmigraphics.* New York: Abrams, 2014.

Bertrand, M. J. "Eloge historique de Urbain-Jean-Joseph Le Verrier." *Annales de l'Observatoire de Paris* 15 (1880): 3-22, http://www.academie- sciences.fr/ activite/archive/dossiers/eloges/leverrier_vol3255. pdf: 81-114. 巻末註のページ数はウェブ版より。

Bouvard, Eugene. "Nouvelle Table d'Uranus." *CRAS* 21 (1845): 524-25.

Brewster, David. "Romance of the New Planet." *North British Review*, Edinburgh, T. and T. Clark 33 (August–November 1860): 1-21.

British Association. *Report of the Thirty First Meeting of the British Association for the Advancement of Science; Held at Manchester in September 1861.* London: John Murray, 1862.

Browne, Janet. *Charles Darwin: The Power of Place* (vol. II of a biography). Princeton: Princeton University Press, 2002.

Carrington, R. C. Professor Wolfの*Mittheilungen uber die Sonnenflecken*の10番の数例が太陽面を通過する惑星の観測を引用したもので、「その一部は明らかに別物だが、以下は注目に値する」とある。*Monthly Notices of the Royal Astronomical Society* 20, 3 (January 13, 1860): 100-101.

——."On some previous Observations of supposed Planetary Bodies in Tran-sit over the Sun." *Monthly Notices of the Royal Astronomical Society* 20, 5 (March 9, 1860): 192-94.

Clarke, John Joseph. "Reminiscences of Wyoming in the Seventies and Eighties." *Annals of Wyoming* 1 and 2 (1929): 225-36.

Cohen, I. Bernard, and George E. Smith, eds. *The Cambridge Companion to Newton.*
Cambridge: Cambridge University Press, 2002.

Cohen, I. Bernard, and Richard S. Westfall. *Newton: Texts, Backgrounds and Commentaries.* New York: W. W. Norton, 1995.

Cook, Alan H. *Edmond Halley: Charting the Heavens and the Seas.* Oxford: Oxford University Press, 1998.

Corry, Leo, Jurgen Renn, and John Stachel. "Belated Decisions in the Hilbert- Einstein Priority Dispute." *Science* 278 (November 14, 1997): 1270-73.

Coumbary, Aristide. "Lettre de M. Aristide Coumbary." CRAS T60 (1865):
1114-15.

Denning, William. "The Supposed New Planet Vulcan." *The Astronomical Register* VII (1869): 89.

——. "The Supposed Planet Vulcan." *The Astronomical Register* VIII (1870): 77-78, 108-9.

——. "The Supposed Planet Vulcan." *The Astronomical Register* IX (1871): 64.

Dobbs, B.J.T. *The Janus Faces of Genius: The Role of Alchemy in Newton's Thought.* Cambridge: Cambridge University Press, 1991(『錬金術師ニュートン　ヤヌス的天才の肖像』B.J.T.ドップス著/大谷隆昶訳/みすず書房/2000年)

Edison, Thomas. "Autobiographical Notes." Accessed at the Carbon County Museum, Rawlins, Wyoming, on January 23, 2015.

Einstein, Albert. *The Collected Papers of Albert Einstein,* online at http://einstein papers.press.princeton.edu/.

——. *Relativity: The Special and General Theory.* New York: Dover, 15th edition, 1952 (英訳。ドイツ語原著の初版は1916年).(『特殊および一般相対性理論について』アルバート・アインシュタイン著/金子務訳/白揚社/2004年[新装版]ほか)

——. *Ideas and Opinions.* New York: Crown Publishers, 1954.

Eksteins, Modris. Rites of Spring. Boston: Houghton Mifflin/Mariner, 2000.

Fawcett, Henry. "Transactions of the Sections." *Report of Thirty First Meeting of the British Association for the Advancement of Science.* London: John Murray, 1862.

Faye, Herve. "Remarques de M. Fay a l'occasion de la lettre de M. Le Verrier." *CRAS,* T49 (1859): 383-85.

Feynman, Richard. *The Characteristic of Physical Law.* London: BBC, 1965(『物理法則はいかにして発見されたか』R.P.ファインマン著/江沢洋訳/岩波書店/2001年)

——. *The Meaning of It All.* New York: Perseus Books, 1998(『科学は不確かだ!』R.P.ファインマン著/大貫昌子訳/岩波書店/2007年)

——. *Six Not-So-Easy Pieces.* New York: Basic Books, 1997.

——. *QED: The Strange Theory of Light and Matter.* Princeton: Princeton University Press, 1985(『光と物質の不思議な理論:私の量子電磁力学』R.P.ファインマン著/釜江常好、大貫昌子訳/岩波書店/2007年)

Folsing, Albrecht. *Albert Einstein.* New York: Viking Penguin, 1997.

Fontenrose, Robert. "In Search of Vulcan." *The Journal for the History of Astronomy* 4 (1973): 145-58.

Fox, Robert. *The Savant and the State: Science and Cultural Politics in Nineteenth- Century France.* Baltimore: Johns Hopkins University Press, 2012.

Frank, Philipp. *Einstein: His Life and Times.* New York: Alfred A. Knopf, Inc., 1947, rev. 1953(『評伝 アインシュタイン』フィリップ・フランク著/矢野健太郎訳/岩波書店/2005年)

Galignani A. and W. *Galignani's New Paris Guide.* Paris: A. and W. Galignani, 1852.

Galison, Peter. *Einstein's Clocks and Poincare's Maps*. New York: W. W. Norton & Co., 2003.
Gilbert, Martin. *The First World War*. New York: Henry Holt, 1994.
Gillispie, Charles Coulston, with the collaboration of Robert Fox and Ivor Grattan- Guinness. *Pierre-Simon Laplace 1749-1827: A Life in Exact Science*. Princeton: Princeton University Press, 1997.
Glatzer, Dieter, and Ruth Glatzer. *Berliner Leben*, 2 vols. Berlin: Rutten & Verlag, 1988（『ベルリン・嵐の日々：1914〜1918 戦争・民衆・革命』ディーター・グラツァー、ルート・グラツァー編著／安藤実、斎藤瑛子訳／有斐閣／1986年）
Goodstein, David L., and Judith R. Goodstein. *Feynman's Lost Lecture*. New York: W. W. Norton & Company, 1996（『ファインマンさん,力学を語る』D.L.グッドスティーン、J.R.グッドスティーン著／砂川重信訳／岩波書店／1996年）
Gould, Benjamin. "Sur l'eclipse solaire du 7 aout dernier." *CRAS* 69 (1869): 813-14.
Grosser, Morton. *The Discovery of Neptune*. Cambridge, Massachusetts: Harvard University Press, 1962.
Hacking, Ian. *The Emergence of Probability: A Philosophical Study of the Early Ideas About Probability, Induction and Statistical Inference*. Cambridge: Cambridge University Press, 1975（『確率の出現』イアン・ハッキング著／広田すみれ、森元良太訳／慶應義塾大学出版会／2013年）
Hahn, Roger. *Pierre Simon Laplace, 1749-1827: A Determined Scientist*. Cambridge, Massachusetts: Harvard University Press, 2005.
Highfield, Roger, and Paul Carter. *The Private Lives of Albert Einstein*. New York: St. Martin's Griffin, 1994（『裸のアインシュタイン：女も宇宙も愛し抜いた男の大爆発』ロジャー・ハイフィールド、ポール・カーター著／古賀弥生訳／徳間書店／1994年）
Holton, Gerald. "Einstein's Third Paradise." *Daedalus* (Fall 2003): 26-34.
——. *The Thematic Origins of Scientific Thought: Kepler to Einstein*. Cambridge, Massachusetts: Harvard University Press, 1988.
Institut de France. *Centennaire de U. J. J. Le Verrier*. Paris: Gauthier- Villars, 1911.
Isaacson, Walter. *Einstein: His Life and Universe*. New York: Simon and Schuster, 2007（『アインシュタイン：その生涯と宇宙（上・下）』ウォルター・アイザックソン著／二間瀬敏史監訳、関宗蔵、松田卓也、松浦俊輔訳／武田ランダムハウスジャパン／2011年）
Janiak, Andrew. "Newton's Philosophy." *Stanford Encyclopedia of Philosophy* (Summer 2014), Edward N. Zalta (ed.), http://plato.stanford.edu/archives/sum2014 /entries/newton- philosophy/.
Janssen, Michel. "The Einstein- Besso Manuscript: Looking Over Einstein's Shoulder," http://zope.mpiwg-berlin.mpg.de/living_einstein/teaching/1905 _S03/pdf- files/EBms.pdf.
——. "The twins and the bucket: How Einstein made gravity rather than motion relative in general relativity." *Studies in History and Philosophy of Modern Physics* 43 (2012): 159-75.

Kronk, Gary. "From Superstition to Science." *Astronomy* 41, 11 (November 2013): 30-35.

Kuhn, Sebastian, and Bill Rebiger. "Hidden Secrets or the Mysteries of Daily Life. Hebrew Entries in the Journal Books of the Early Modern Astronomer Gottfried Kirch." *European Journal of Jewish Studies* 6, 1 (2012): 149-50.

Laplace, Pierre-Simon. *Essai philosophique sur les probabilites.* Translated by Frederick Wilson Truscott and Frederick Lincoln Emory. New York: John Wiley & Sons, 1940（英訳。フランス語原著からの邦訳は『確率の哲学的試論』ラプラス著／内井惣七訳／岩波書店／1997年）。

——. *Mechanism of the Heavens.* Translated by Mary Somerville. Cambridge: Cambridge University Press, 1831 and 2009.『天体力学概論』の英訳。

Ledger, E. "Observations or supposed observations of the transits of intra- Mercurial planets or other bodies across the sun's disk." *The Observatory* 3, 29 (1879): 135-38.

Lequeux, James. *Le Verrier—Magnificent and Detestable Astronomer.* New York: Springer, 2013.

Levenson, Thomas. *Einstein in Berlin.* New York: Bantam, 2003.

——. *Newton and the Counterfeiter.* New York: Houghton Mifflin Harcourt, 2009（『ニュートンと贋金づくり』トマス・レヴェンソン著／寺西のぶ子訳／白揚社／2012年）。

Leverington, David. *Babylon to Voyager and Beyond: A History of Planetary Discovery.*
Cambridge: Cambridge University Press, 2003.

Le Verrier, Urbain-Jean-Joseph. "Examen des observations qu'on a presentees a diverses epoques comme appartenant aux passage d'une planete intra-m ercurielle (suite). Discussion et conclusions." *Comptes Rendus* 83 (1876): 621-23.

——. "Consderations sur l'ensemble du systeme des petites planetes situees entre Mars et Jupiter." *CRAS* T37 (1853): 793-98.

——. "Determination nouvelle de l'orbite de Mercure et de ses perturbations." *CRAS* 16 (1843): 1054-65.

——. "Les planetes intra- mercurielles (suite)." *CRAS* 83 (1876): 647- 50.

——. "Lettre de M. Le Verrier a M. Faye sur la theorie de Mercure et sur le movement du perihelie de cette planete." *CRAS* 49 (1859): 379- 83.

——. "Lettre de M. Le Verrier adressee a M. le Marechal Vaillant" and "Lettre de M. Aristide Combary." *CRAS* 60 (1865): 1113-15.

——. "Nouvelles recherches sur les mouvements des planetes." *CRAS* 29
(1849): 1-5.

——. "Premiere Memoire sur la theorie d'Uranus." *CRAS* 21 (1845): 1050-55.

——. "Recherches sur les mouvements d'Uranus." *CRAS* 22 (1846): 907-18.

——. "Remarques" [レスカルボー氏による水星軌道内側の惑星の観測について]. *CRAS* 50 (1860): 45-46.
——. "Sur la planete qui produit les anomalies observees dans le mouvement d'Uranus.—Determination de sa masse, de son orbite et de sa position actuelle." *CRAS* 23 (1846): 428-38.
——. "Sur les variations seculaires des orbites des planetes." *CRAS* 9 (1839): 370-74.
——. "Sur l'influence des inclinaisons des orbites dans le perturbations des planetes. Determination d'une grande inegalite du moyen mouvement de Pallas." *CRAS* 13 (1841): 344-48.
——. "Theorie et Table du mouvement de Mercure." *Annales de l'Observatoire Imperial de Paris* 5 (1859): Chapter XV, 1-196.
Loomis, Elias. *The Recent Progress of Astronomy; especially in the United States.* New York: Harper & Brothers, 1850. (Google ebook: https://play.google.com/store /books/details?id=o0IDAAAAQAAJ&rdid=book- o0IDAAAAQAAJ&rdot=1).
McMullin, Ernan. "The Impact of Newton's Principia on the Philosophy of Science." *Philosophy of Science* 68, 3 (September 2001): 279-310.
Meeus, J. "The maximum possible duration of a total solar eclipse." *Journal of the British Astronomical Association* 113, 6 (December 2003): 343-48.
Miller, Arthur. *Einstein, Picasso: Space, Time and the Beauty That Causes Havoc.* New York: Basic Books, 2002(『アインシュタインとピカソ——二人の天才は時間と空間をどうとらえたのか』アーサー・I・ミラー著/松浦俊輔訳/阪急コミュニケーションズ/2002年)。
New York Times. "Vulcan." May 27, 1873, p. 4.
New York Times. "Vulcan." September 26, 1876, p. 4.
Newton, Isaac. *The Principia: Mathematical Principles of Natural Philosophy.* Translated by I. Bernard Cohen and Anne Whitman. Berkeley: University of California Press, 1999.『プリンキピア』の英訳。
The Newton Papers Project, online at http://www.newtonproject.sussex.ac.uk /prism.php?id=1.
Nichol, John Pringle. *The Planet Neptune: An Exposition and History.* Edinburgh: John Johnstone, 1848. (Google ebook: http://books.google.com/books?id=BxUEAAAAQAAJ&pg=PP1&lpg=PP1&dq=the+planet+neptune+pringle+nichol&source=bl&ots=S3VK9uuICa&sig=OR8tgZVNb14X6- PI5ibQ4oaCGsQ&hl=en&sa=X&ei=y6h0VLeeBqq_sQS3zoKwAw&ved=0CE4Q6A EwBQ#v=onepage&q=the%20planet%20neptune%20pringle%20nichol&f=false).
Osserman, Robert. *The Poetry of the Universe.* New York: Anchor, 1995.
Pais, Abraham. *Subtle Is the Lord.* New York: Oxford University Press, 1982(『神は老獪にして…:アインシュタインの人と学問』アブラハム・パイス著/西島和彦 監訳、金子務、岡村浩、太田忠之、中沢宣也 訳/産業図書/1987年)。謝辞でも触れているように、素晴

らしい人物による、アインシュタインの極めて重要な伝記の1つ。

Peters, C.F.H. (引用) [無署名] "The Intra-Mercurial Planet Question." *Nature.* 20, 521(1879): 597-99.

Poincare, Henri. *Science and Hypothesis.* New York: Dover Publications, 1952(『科学と仮説』ポアンカレ著/河野伊三郎訳/岩波書店/1959年)。

——. *Science and Method.* New York: Dover Publications, 1952(『科学と方法』ポアンカレ著/吉田洋一訳/岩波書店/1953年)。

——. *The Value of Science.* New York: Dover Publications, 1958(『科学の価値』ポアンカレ著/田辺元訳/一穂社/2005年)

Proctor, R. A. "New Planets Near the Sun." London: Strahan and Company, *The Contemporary Review* XXXIV (March 1879): 660-77.

Radau (Radanと誤記), J.C.R."Future Observations of the supposed New Planet." *Monthly Notices of the Royal Astronomical Society* 20, 5 (March 9, 1860): 195-97.

Roberts, Philip. "Edison, The Electric Light and the Eclipse." *Annals of Wyoming* 53, 1 (1981): 54-62.

Roseveare, N. T. *Mercury's Perihelion: From Le Verrier to Einstein.* Oxford: Clarendon Press, 1982.

Royal Astronomical Society (無署名). "A supposed new interior planet." Monthly *Notices of the Royal Astronomical Society* 20, 5 (1860): 98-100

——. "Lescarbault's Planet." *Monthly Notices of the Royal Astronomical Society* 20, 8 (1860): 344.

Ruffner, J. A. "Isaac Newton's *Historia Cometarum* and the Quest for Elliptical Orbits." *Journal for the History of Astronomy* 41, 145, part 4 (November 2010): 425-51.

Schaffer, Simon. "Newtonian Angels," in Joad Raymond, ed. *Conversations with Angels: Essays Towards a History of Spiritual Communication, 1100-1700.* Basingstoke: Palgrave Macmillan, 2011.

Schilpp, Paul Arthur, ed. *Albert Einstein: Philosopher-Scientist.* La Salle, Illinois: Open Court, 1949. Third Edition, 1982.

Schlor, Joachim. *Nights in the Big City: Paris, Berlin, London 1840- 1930.* London: Reaktion Books, 1998.

Seelig, Carl. *Albert Einstein: A Documentary Biography.* London: Staples Press, 1956.

Stanley, Matthew. "An Expedition to Heal the Wounds of War: The 1919 Eclipse and Eddington as Quaker Adventurer." *Isis* 94, 1 (March 2003): 57-89.

Thorne, Kip. *Black Holes and Time Warps: Einstein's Outrageous Legacy.* New York: Norton, 1995(『ブラックホールと時空の歪み:アインシュタインのとんでもない遺産』キップ・S・ソーン著/林一、塚原周信訳/白揚社/1997年)。

United States Naval Observatory. *Washington Observations,* 1876 and 1880.

無署名。"A Descriptive Account of the Planets." *The Astronomical Register,* IV, 41 (1866): 129-32.

無署名。"A supposed new interior planet." *Monthly Notices of the Royal Astronomical Society* 20, 5

(1860): 98-101.
無署名。"The Intra- Mercurial Planet Question." *Nature* 20, 521 (1879): 597-99.
無署名。"Lescarbault's Planet." *Monthly Notices of the Royal Astronomical Society* 20, 8 (June 8, 1860): 344.
無署名。"The Planet Vulcan." *Littell's Living Age* 131, 1690 (1876): 318-20.
無署名。"The New Planet Vulcan." *Manufacturer and Builder.*" 8, 11 (November 1876): 255
Simon Newcomb, W. T. Sampson, and James C. Watsonほか多数。"Re-ports on the total solar eclipses on July 29, 1878 and January 11, 1880." *Washington Observations* 1876, Appendix III, Washington: United States Naval Observatory, 1880.
Walker, Sears C. "Researches Relative to the Planet Neptune." In *Smithsonian Contributions to Knowledge*, Vol. II, Washington, D.C.: Smithsonian Institution, 1851.
Watson, James C. "Schreiben des Herrn Prof. Watson an den Herausgeber." *Astronmische Nachtrichten* 95(1879): 101-6.
Webb, T. W. *Celestial Objects for Common Telescopes.* London: Longman, Green, Longman, and Roberts, 1859.
Westfall, Richard. *Never at Rest.* Cambridge: Cambridge University Press, 1983(『アイザック・ニュートン1・2』リチャード・S・ウェストフォール著/田中一郎、大谷隆昶訳/平凡社/1993年)
Wilczek, Frank. "Whence the Force in F=ma?" Physics Today (2004), retrieved at http://ctpweb.lns.mit.edu/physics_today/phystoday/%20Whence_ cshock.pdf.
Wilson, Curtis. "The Great Inequality of Jupiter and Saturn: From Kepler to Laplace." *Archive for History of Exact Sciences* 33 (1985): 15-290.

原註

略語について

CRAS: Comptes Rendus hebdomadaires des seances de l'Academie des Sciences（科学アカデミー会議週間報告）, http://gallica.bnf.fr/ark:/12148/cb343481087/ date.langEN.

CPAE: Collected Papers of Albert Einstein(アインシュタインの論文集をオープンアクセスで公開しているウェブサイト), http://einsteinpapers .press.princeton.edu/.

はじめに

P.11「物質を数学的に分析して」 ガリレオの業績を表現するのに物質を数学的に分析するという概念をつくり出したのは、アレクサンドル・コイレの功績だ。一度しか使わないのは惜しすぎるほど素晴らしいフレーズである。

P.11「水星の軌道を計算し終えて」 アインシュタインがポール・エーレンフェストに、*CPAE* 8, document 182, 179, およびAdriaan FokkerとWander Johannes de Haasに、Abraham Pais, *Subtle Is the Lord*（パイス『神は老獪にして…：アインシュタインの人と学問』）, 253に引用。

I章「不動の世界秩序」

P.14「みじめな雑務に」 Cook, *Edmond Halley*, 140; 148.

P.15「レンは信じず」 同上, 147-48, およびWestfall, *Never at Rest*（ウェストホール、『アイザック・ニュートン』I & 2）, 402-3.

P.16「一六八四年春に世を去っていたなら」 ウェストホール、『アイザック・ニュートン』, 407.

P.17「私が計算したからだ」同上、403.

P.18「ニュートンはさらに」同上、403-6 .

P.19「ついに一六八七年」 『プリンキピア』の入手可能な英訳は数多くある。お勧めなのは I. Bernard Cohen and Anne Whitmanによる英訳, Isaac Newton, *The Principia* (Berkeley: University of California Press, 1999)だ。綿密で、コーエンによる貴重な、それだけで本一冊分になる読書案内も付いている。

P.20「何かぼうっとした感じの」 ゴットフリート・キルヒ、Gary Kronk, "From Superstition to Science," 30-35に引用。

P.21「放物線」 J. A. Ruffner, "Isaac Newton's *Historia Cometarum*," 425-51.

P.23「完全に符号する理論」 *Newton, The Principia*, 英訳版Cohen and Whitman, 916. Italics added.

P.23「『しかし今や私たちは』」 エドモンド・ハレーによる『プリンキピア』序文、"Halley's ode to

Isaac Newton" *Newton, The Principia*, 英訳版Cohen and Whitman, 379-80.

2章「幸せな考え」

P.27「軌道は円に近く」 Baum and Sheehan, *In Search of Planet Vulcan*, 50-51.

P.29「新しい方法を天王星に適用し」 天王星に関するラプラスの研究の背景については、Roger Hahn, *Pierre Simon Laplace, 1749-1827: A Determined Scientist*, 77-78を参照。この記述も同じ箇所に基づいている。

P.34「測定可能な限り正確に」 Gillispie et al., *Pierre-Simon Laplace 1749-1827: A Life in Exact Science*, 127-28.

P.35「『厳密な計算をすれば』」 ラプラスからル・サージュへの手紙、1797年4月16日付、Hahn, *Pierre Simon Laplace*, 142に引用。

P.36「目撃され、測定され、あるいは観測されるあらゆる事象」 この議論はHahn, *Pierre Simon Laplace*より引用、とくにp158を参照。提示されている運命論の定義はこの概念の一般的な短い記述のバリエーションであり、いくつかあるものの1つを最初はウィキペディアのDeterminismのエントリーから引いた。

P.36「神の名は一度も出てこなかった」 対立する話のこのバージョンはRoger Hahn, "Laplace and the Vanishing Role of God in the Physical Universe"より。Harry Woolf, ed., *The Analytic Spirit: Essays in the History of Science* (Cornell University Press, 1981), 85-86に所収。

P.37「ハーシェルは日記に」 ウィリアム・ハーシェル、Roger Hahn, *Pierre Simon Laplace*, 86に引用。

P.38「『無視しているだけだ』」 Hahn, Harry Woolf, ed., *The Analytic Spirit: Essays in the History of Science*, 95所収。

P.39「『宇宙の現在の状態を』」 Pierre Simon Laplace , *Essai philosophique sur les probabilités*の英訳(Truscott and Emory), 4(フランス語からの邦訳は『確率の哲学的試論』)。ラプラスは1812年の*Theorie analytique des probabilités*(邦訳『確率論:確率の解析的理論』)で包括的に博識な知性という概念を提案し、少なくとも1768年に友人で同僚のコンドルセの研究で同様の公式化に遭遇して以来、その概念について考え、時折執筆もしていた。

3章「そんな星は星図にない」

P.41「各種ガイドブックに」 Galignai, *Galignani's New Paris Guide*, 367, and Baedeker (firm), *Paris and Environs*, 7th ed., 276.

P.43「『受け入れるだけでなく自ら』」Lequeux, *Le Verrier—Magnificent and Detestable Astronomer*, 4.

P.44「『ラプラスの後継者になろうと』」 Jean Baptiste Dumas, Sept. 25, 1877, Lequeux, *Le Verrier*, 5に

引用。

P.45「要した期間はわずか二年」 Le Verrier, "Sur les variations seculaires des orbites des planetes," *CRAS* 9 (1839), 370-74. Lequeux, *Le Verrier*, 7-8, および Baum and Sheehan, *In Search of Planet Vulcan*, 70-71でも論じられている。

P.46「『近年』」 Le Verrier, "Determination nouvelle de l'orbite de Mercure et de ses perturbations," *CRAS* 16 (1843), 1054- 65, Lequeux, *Le Verrier*, 13に引用。

P.46「水星の質量」 Lequeux, *Le Verrier*, 13.

P.48「彼は『今だ！』と叫び」 Baum and Sheehan, *In Search of Planet Vulcan*, 73.

P.49「現実と計算とがずれている」 Airy, "Account of Some Circumstances Historically Connected with the Discovery of the Planet Exterior to Uranus," 123.

P.49-50「ニュートンの重力定数そのものが距離によって違ってくるのかもしれない」Grosser, *The Discovery of Neptune*, 44; Baum and Sheehan, *In Search of Planet Vulcan*, 80も参照。

P.51「『天王星を惑わせている』」 Eugene Bouvard, "Nouvelle Table d'Uranus," 525. James Lequeux, *Le Verrier*, 24に引用。

P.51「英仏海峡を越えて」 Lequeux, *Le Verrier*, 25.

P.51「『続けて何周かして』」 Airy, "Account of Some Circumstances Historically Connected with the Discovery of the Planet Exterior to Uranus," 124-25.

P.52「アラゴは年下のルヴェリエを」 Le Verrier, "Première Mémoire sur la théorie d'Uranus," 1050, Lequeux, *Le Verrier*, 英訳26。

P.52「天王星の表を計算し直して」 Grosser, *The Discovery of Neptune*, 99.

P.53「何か未知の物体」 同上、100.

P.53「天王星より遠くにある未知の惑星」 このような考え方の同時代の記述については John Pringle Nichol, *The Planet Neptune*, 65; 84を参照。

P.55「『新たな惑星の動き』」 Le Verrier, "Recherches sur les mouvements d'Uranus," 907-18, Lequeux, *Le Verrier*, 28。

P.55「直径三・三秒角」Le Verrier, "Sur la planete qui produit les anomalies observees dans le mouvement d'Uranus," 428- 38. 著者の知的な借りについて繰り返せば、この短い記述に関してはJames Lequeuxによる2013年のルヴェリエの伝記とBaumおよびSheehanの*In Search of Planet Vulcan*に負うところが大きい。彼らと同様、著者にとってもMorton Grosserの1962年の著作は貴重だった。

P.56「だが、やってみようという者はいなかった」 Lequeux, *Le Verrier*, 33.

P.57「『未知の惑星を発見できるかもしれない』」 ルヴェリエからガレに宛てた手紙、1846年9月18日付、Grosser, *The Discovery of Neptune*, 115に英訳・引用。

パートI 間奏曲「極めてオカルト的」

P.61「『私は仮説をつくらない』」 Newton, *The Principia*(英訳 Cohen and Whitman), 943.

P.62「『永遠に変わることのない超自然的な存在』」 Benson, *Cosmigraphics*,144.

P.65「ニュートンが力と呼んだもの」 概念としての「力」がニュートンと同時代の人々にとっていかに奇妙だったか(ある意味ではいまだにいかに奇妙か)については、物理学者Frank Wilczekの小論 “Whence the Force in F-ma?”を参照。

P.67「『真実でしかあり得ない』 Isaac Newton, *The Principia*(英訳Cohen and Whitman), 916.

P.68「ニュートンは隠れた錬金術師で」 ニュートンの錬金術研究をめぐる文献は膨大な量に達している。Betty Jo Teeter Dobbs は分野の特定に協力し、彼女の小論 “From Newton's Alchemy and His Theory of Matter”(Cohen and Westfall, Newton: *Texts, Backgrounds and Commentaries*に所収)は取っ掛かりとしてもってこいだ。参考になるものはほかにも Karen Figalaの小論(Cohen and Smith, *The Cambridge Companion to Newton*所収)やウェブサイトThe Cymistry of Isaac Newton (http://webapp1.dlib.indiana.edu/newton/)にWilliam Newmanの指示で集められた資料など、非常に多数ある。

P.68「究極の行為者」 ニュートン、『プリンキピア』の「一般的注解」で。the General Scholium to *The Principia* (Cohen and Whitmanによる英訳), 940-43.

P.69「『興味深い点は皆無に近い』」 ニュートンが執筆もしくは所有していた書籍や論文を集めたCatalogue of the Portsmouth Collection, xix。

4章 三十八秒

P.72「『ペン先一つで』」 フランソワ・アラゴ、James Lequeux, *Le Verrier*, 50に引用。

P.72「ルヴェリエの明敏さは」 Ellis Loomis, *The Recent Progress of Astronomy*, 50. 強調は原著から。

P.74「呼ぶようになった」 一例としてルヴェリエから公共教育省に宛てた書簡、Institut de France, *Centennaire de U.J.J. Le Verrier* (Paris: Gauthier-Villars, 1911), 50に所収。

P.74「当然の選択」 命名をめぐる論争は広く記述されている。この記述は主に、北部ヨーロッパの天文学者たちに言及したGeorge Biddell Airyの手紙を引用している、James Lequeux, *Le Verrier*, 52-53より引いた。Baum and Sheehan, *In Search of Planet Vulcan*, 109-10も参照。

P.75「『惑星系全体を包括する研究』」ルヴェリエから公共教育省に宛てた書簡、Centennaire, 51, James Lequeux, *Le Verrier*(英訳版p62)に所収。

P.78「ケレスとパラスが発見された一帯で」 小惑星に関するルヴェリエの著作については、この記述の依拠とするLequeux, Le Verrier, 72-75を参照。

P.79「ルヴェリエが初めて小惑星を知ったのは」 Le Verrier, “Sur l'influence des inclinaisons des orbites dans les perturbations des planetes,” 344-48, Lequeux, *Le Verrier*, 英訳版p72に所収。

P.80「『同じ原因が』」 Le Verrier, "Consderations sur l'ensemble du systeme des petites planetes situees entre Mars et Jupiter," 794.

P.80「しかし火星と木星の間にある小惑星帯では」Lequeux, *Le Verrier*, 74.

P.81「『数多くのほかの事実』」 Poincare, *The Value of Science*, 355(『科学の価値』ポアンカレ著／田辺元訳／一穂社／2005年)。

P.83「言うまでもなく、ユルバン=ジャン=ジョセフ・ルヴェリエだ」 Lequeux, *Le Verrier*, 61-65; 78-84. Robert Fox, *The Savant and the State*,116-18も参照。

P.83「『ほとんど関心を示さなかった』」 Joseph Bertrand, "Eloge historique de UrbainJean-Joseph Le Verrier," 96-97.

P.84「『自分の奴隷だと』」 カミーユ・フラマリオン、Lequeux, *Le Verrier*に引用(英訳版p128)。

P.84「天文台を辞めている」 ダヴェルドゥワンの引用箇所はルヴェリエの著作の売却をとりまとめた歴史家が集めた文書より。Lequeux, *Le Verrier*(英訳版130)参照。Lequeuxは 1854年から1867年にかけて天文台を辞めた人々の名前をまとめている(英訳版135)。

P.85「規則的に振る舞っていた」 ルヴェリエは1860年にそれまで知られていなかった火星軌道の異常を突き止めることになるが、そちらの問題については、ルヴェリエの水星に関する綿密な調査のように関心や懸念を呼ぶことはなかった。

P.86「『運行表が観測結果と厳密には一致しない場合』」 Le Verrier, "Nouvelles recherches sur les mouvements des planetes," 2, 英訳はN. T. Roseveare, *Mercury's Perihelion*, 20。

P.86「『計算に不正確な部分があった』」同上。

P.87「性能のいい時計と」 このルヴェリエの指摘は"Lettre de M. Le Verrier a M. Faye sur la theorie de Mercure et sur le mouvement du perihelie de cette planete"より。軌道情報の質に関する議論はBaum and Sheehan, *In Search of Planet Vulcan*, 135。

P.89「ルヴェリエがはじき出した合計」 Le Verrier, "Theorie et Table du mouvement de Mercure," 99.

P.90「誤差はわずか三八秒角」 この記述はRoseveare, *Mercury's Perihelion*, 20-24の分析に負うよるところが大きい。同書は、水星の歳差運動の問題が浮上して最終的に解決するまでの経緯を専門的に分析したものでは最良の1冊だ。

5章「引っ掛かる質量」

P.91「ほかの天文学者も疑わなかった」 ルヴェリエは1861年に公の反論に直面している。当時、仇敵シャルル=ウジェーヌ・ドローネーから、ルヴェリエは粘り強さに欠けていて水星軌道の問題を解決するようなもう少し正確な理論を考案できなかっただけではないのかと暗に批判されたのだ。水星軌道の等式を修正するための観測データの使い方に対するこの主要な異議をルヴェリエは当然ながら一蹴——その英断が功を奏した。Lequeux,

Le Verrier, 169参照。

P.91 「『探すべき物体は』」 Le Verrier, "Theorie et Table du mouvement de Mercure" (1859), 99, 英訳はLequeux, *Le Verrier*, 102。

P.92 「『小惑星群』」 Le Verrier, "Lettre de M. Le Verrier á M. Faye sur la theorie de Mercure," 382.

P.92 「『これら(小惑星)の一部は』」 同上。

P.93 「『ムッシュ・ルヴェリエが指定した領域』」 Herve Faye, "Remarques de M. Fay à l'occasion de la lettre de M. Le Verrier," 384.

P.94 「『この大いなる世界』」 アインシュタイン、"Autobiographical Notes," Schilpp, ed., *Albert Einstein: Philosopher- Scientist*, 5に所収。

P.96「ある物体が視界に飛び込んでくる」 Fontenrose, "In Search of Vulcan," 156.

P.97「彼は『沈黙を破った』」 Le Verrier, "Remarques," 45.

P.98「検証に乗り出した」 同上、46.

P.98「二〇キロメートル近く歩いて」 Brewster, "Romance of the New Planet," 9.

P.101 「水星軌道の内側で初の惑星を発見した」 ルヴェリエの訪問に関するモワンゴの記述は、注釈を付けて、Brewster, "Romance of the New Planet," 7-12で形式を変えて登場する。

P.102 「太陽面通過を繰り返す」 ルヴェリエの計算に関する本人の報告は"Remarques," 46. Baum and Sheehan, *In Search of Planet Vulcan*, 156にその意味をめぐる議論を添えて取り上げられている。

P.102 「レスカルボーに対して非常に好意的な言葉」 水星軌道の内側に惑星を探すことに人々が夢中になっていたこの段階でレスカルボーの報告が発表されたことへの反応については、Baum and Sheehan, *The Search for Planet Vulcan*, 155-60.

6章「探索は満足のゆく結果に終わるはずだ」

P.104「『類まれな恩恵は』」 "A supposed new interior planet," *Monthly Notices of the Royal Astronomical Society*, 2015 (1860):100.

P.104「より実際的には」 R. C. Carrington, "On some previous Observations of supposed Planetary Bodies in Transit over the Sun," 192-94.

P.104「ベンジャミン・スコットは」 Fontenrose, "In Search of Vulcan," 146.

P.104 「チューリッヒの天文学者ルパート・ウォルフは」 同上、147, Baum and Sheehan, *In Search of Planet Vulcan*, 141.

P.105「ウォルフのリストに注目したのは」 J.C.R.ラドーの報告は"A supposed new interior planet" (無署名)で論じられている。

P.105「ラドーは結果を三月上旬に発表」 Radau (Radanと誤記), "Future Observations of the supposed

New Planet," 195-97.

P.105-106「複数の観測者が行った惑星探しは」　無署名、"Lescarbault's Planet," 344.

P.107「『盲目の経済学者』ヘンリー・フォーセット」　"Transactions of the Sections," 142.

P.108「『マンチェスターのラミス氏』なる人物」　無署名、"A Descriptive Account of the Planets," 129-31.

P.108「『くっきりした《円形》』」(強調は原書ママ)

P.108「だがそれ以外の」　Fontenrose, "In Search of Vulcan," 147.

P.109「一八六〇年代半ばには」無署名、"A Descriptive Account of the Planets," 129-32.

P.109「それまでまったく無名だったムッシュ・クンバリなる人物」　Le Verrier "Lettre de M. Le Verrier adressée a M. le Maréchal Vaillant," 1114-15.

P.109「お墨付きを与えた」　同上、1113.

P.109「日食観察のエキスパート四人」　E. Ledger, "Observations or supposed Observations of the Transits of Intra- Mercurial Planets," 137-38.「肉眼で」部分の強調は原書ママ。

P.110「ベンジャミン・アプソープ・グールドはまさしくボストンの名家の御曹司だった」このミニ伝記は*Biographical Dictionary of Astronomers*, 833-36, Springer: 2014, オンラインhttp://link.springer.com/referen ceworkentry/10.1007%2F978-1- 4419-9917-7_534のTrudy E. Bellの項目から引いた。

P.111「グールドは観測結果を」　ベンジャミン・グールドからイヴォン・ヴィラソーに宛てた1869年9月7日付の書簡、*CRAS* T69 (1869): 813-14。

P.112「だがヴァルカンはしぶとかった」　同上、814.

P.113「天体観測者十五人に対し」　William Denning, "The Supposed New Planet Vulcan" (1869), 89.

P.113「ヴァルカンは頑として」　デニングは1869年のかんばしくない結果についてThe Astronomical Register, vol. VII, 113で報告。1870年の自身の計画案と結果報告については同誌のvol. VIII, 78-79および108-9、1871年の取り組みについてはvol. IX, 64で発表している。

P.114「プリンストン大学のスティーブン・アレクサンダーは」　*The New York Times* (無署名), May 27, 1873, 4.

P.114「ヴァルカンはなかなかつかまらない」　C. A. Young, "Memoir of Stephen Alexander: 1806-83." こちらを先に読んでから、National Academy, April 17, 1884, "Vulcan,"オンライン版http://www.nasonline.org/publications/biographical- memoirs/memoir - pdfs/alexander- stephen.pdfを。

P.115-116「ルパート・ウォルフは、同僚が目撃したという話を」　*The Spectator*に掲載され、*Little's, Living Age*, vol. 131, issue 1690 (November 4, 1876), 318-20に再掲されたウォルフの手紙の内容を言い換えたもの。

P.116「新たなヴァルカンが現れ続け」Fontenrose, "In Search of Vulcan," 149.

P.116「『当社の天文学関連書を』」　"The New Planet Vulcan," *Manufacturer and Builder* (無署名), vol.

8, no. 11 (November 1876), p. 255.

P.116 「『ヴァルカンは存在するかもしれない』」 "Vulcan," *The New York Times* (無署名), Sept. 26, 1876, 4.

P.117 「『ヴァルカンは存在する』」 同上。

P.117 「五件特定」 Le Verrier, "Examen des observations qu'on a présentées à diverses époques comme appartenant aux passage d'une planéte intra-mercurielle (suite). Discussion et conclusions." *CRAS* T83 (1876), 621-24 and 649.

P.118 「見出しを書く人々はがっかりしたことだろう」 *Scientific American* 36, 25 (December 16, 1876), 390. この部分の情報については、Robert Fontenrose,"The Search for Vulcan," 148-50掲載の参考文献リストを参照。

P.118 「かくしてルヴェリエはリスクを分散させた」 Le Verrier, "Examen des observations . . ." *CRAS* T83 (1876), 650.

P.118 「ルヴェリエはもう公の場で」 Baum and Sheehan, *In Search of Planet Vulcan*, 180.

P.119 「聖体を拝領した」 Lequeux, *Le Verrier*, (英訳版304)。

P.119 「終わりが訪れたのは」 Baum and Sheehan, *In Search of Planet Vulcan*,181.

7章 「探索を逃れ続けて」

P.120 「『当時のアメリカは』」 エジソンのローリンズ到着とホテルでの出会いの詳細はすべて、本人の記述"Edison's Autobiographical Notes"より、カーボンカウンティ博物館で閲覧。ワイオミングへの旅の話はいたるところで引き合いに出されてきた。一例として Frank Lewis Dyer and Thomas Commerford Martin, *Edison: His Life and Inventions* (New York: Harper Brothers, 1929), Chapter Tenを参照。

P.121 「『悪党』の一人ではないと」 この事件が起きたのはエジソン自身の回想ではローリンズに到着した夜となっているが、そうではなかった可能性が高いと、ワイオミング大学の歴史家フィリップ・ロバーツは指摘している。"Edison, The Electric Light and the Eclipse," in *Annals of Wyoming* 53, 1 (1981), 56参照。

P.123 「助成金を交付し」 Baum and Sheehan, *In Search of Planet Vulcan*, 195.

P.124 「ヘリウムの発見」 ヘリウムはこの10年後、スコットランドの偉大な科学者ウィリアム・ラムゼーによって地球上で発見されることになる。

P.124 「『予定地には』」 サイモン・ニューカム、"Reports on the total solar eclipses on July 29, 1878, and January 11, 1880," 100.

P.125 「セパレーションは最盛期でも」 Baum and Sheehan, *In Search of Planet Vulcan*, 201.

P.125 「一八七八年にニューカムの先遣隊が」 ニューカム、"Reports on the total solar eclipses on July 29, 1878 and January 11, 1880," 100.

P.126 「セパレーションでは日が経つにつれて」 Baum and Sheehan, *In Search of Planet Vulcan*, 201-

2. 雲が増えていくパターンについてはニューカム、"Reports on the total solar eclipses on July 29, 1878 and January 11, 1880," 111より。

P.127「『太陽はアルカリ性の大平原の』」 Baum and Sheehan, *In Search of Planet Vulcan*, 202.

P.127「空はあっという間に土埃に覆われ」ニューカム、"Reports on the total solar eclipses on July 29, 1878, and January 11, 1880," 102.

P.127「窮余の策はかろうじて」 W. T. Sampson, "Reports on the total solar eclipses on July 29, 1878, and January 11, 1880," 111.

P.128「新たな観測者二人が加わった」 同上。

P.128「ニューカム自身の望遠鏡だった」 ニューカム、"Reports on the total solar eclipses on July 29, 1878, and January 11, 1880," 102.

P.129「葉と葉の間から漏れてくる」 欧米の観察に基づく自然哲学の祖であるアリストテレスは、この効果について、『問題集』第15巻で言及している。言うまでもなく、現存しているなかでは欧米の科学規範における最古の記録だ。

P.130「奇妙さを増した空に目が慣れていた」 ニューカム、"Reports on the total solar eclipses on July 29, 1878, and January 11, 1880," 101; 104.

P.130「『こうした性格の作業では』」 ワトソン、"Reports on the total solar eclipses on July 29, 1878, and January 11, 1880," 119.

P.133「ワトソンはニューカムのもとに走った」 同上、120.

P.134「後日ニューカムは」 ニューカム、"Reports on the total solar eclipses on July 29, 1878, and January 11, 1880," 105.

P.134「『a』については疑いは微塵も」 ワトソン、"Reports on the total solar eclipses on July 29, 1878, and January 11, 1880," 120.

P.134「地元週刊紙ララミー・ウィークリー・センティネルの記事」 *Laramie Weekley Sentinel* (無署名), August 3, 1878, 3. 強調は原文ママ。

P.135「その知らせは世界を駆けめぐった」ロッキャーの電報とタイムズの記事は共にBaum and Sheehan, *In Search of Planet Vulcan*, 209-10に引用。スウィフトの目撃談については1878年8月4日付ニューヨーク・タイムズ1面の無署名記事で論じられている。

P.135「同紙が最初に記事で」 *New York Times*, July 30, 1878, 5.

P.135「ヴァルカンをめぐるワトソンの主張を」 *New York Times*, August 8, 1878, 5.

P.135「『何も発見しなかったというのは』」*New York Times*, August 16, 1878, 5.

P.136「ワトソンはどんな疑いをかけられても」 ジェームズ・ワトソン、Fontenrose, "In Search of Vulcan," 153に引用。

P.137「当初、ワトソンの同僚のほとんどは」 同上、151。

P.137「ワトソンが初歩的なミスを」 C. F. H. ピーターズ、"The Intra-Mercurial Planet Question"(無署名)597に引用。

P.137「それに対するワトソンの反応は」 ワトソン、"Schreiben des Hern Prf. Watson an der Herausgeber," Astronmische Nachtrichten (1879) (95) 103-4, Baum and Sheehan, *In Search of Planet Vulcan*, 220-21にも引用あり。

P.138「ピーターズの論調をたしなめた」 "The Intra- Mercurial Planet Question," 597-98. 強調は原文ママ。

P.140「この西部への旅は」 トーマス・エジソン、*Cheyenne Daily Leader*, July 19, 1878, および Roberts, "Edison, The Electric Light and the Eclipse," 55にも引用あり。

P.140「エジソンはあくまでも新参者だった」 エジソンは西部への旅の回想を1908年と1909年の自伝的なメモに記している。カーボンカウンティ博物館(ワイオミング州ローリンズ)で調査。この部分の資料はそれらのメモとセパレーション駅の駅長ジョン・ジャクソン・クラークの回想(John Jackson Clarke, "Reminiscences of Wyoming in the Seventies and Eighties," *Annals of Wyoming*, 1929, 1 and 2, 225-36に所収)より。日食に関するクラークの回想は pp.228-29。

P.141「その影をエジソンはホームから確認」 クラークの記述によれば、エジソンは4回発砲して4回とも命中させ、「それもからかいの種になった」という。クラーク、"Reminiscences of Wyoming in the Seventies and Eighties," 229参照。

パート2 間奏曲「物事を見つけ出す特別な方法」

P.145「私たちが今目にしているものは」 初期の宇宙の最も熱い(最も濃密な)領域と最も冷たい(最も希薄な)領域の温度差は0.005ケルビン(絶対温度の単位)だった。http://www.astro.ucla.edu/~wright/CMB-D T.html参照。

P.147「膨張しているという決定的証拠」 インフレーション理論は数々の観測による検証をくぐり抜けてきたが、おそらく最も重要なのは予測と宇宙の総質量の一致であり、もう一つはCMBの変動の独特のパターンに関するものかもしれない。

P.147「インフレーション理論の生みの親の一人は」 Andrea Denhoed, "Andrei Linde and the Beauty of Science," *The New Yorker*, March 18, 2014, http:// www.newyorker.com/culture/culture- desk/andrei- linde-and-the-beauty-of-science参照。

P.149「複数の試みが早くも行われている」 POLARBEAR実験は宇宙の重力波の解釈を裏付けるBモード偏光を捉えているが、BICEPチームが当初主張したほどの信憑性には欠ける。ほかのアプローチとしては、ここを執筆している時点では、バルーン搭載型マイクロ波望遠鏡SPIDER とBICEP3 が宇宙の最初の光(もちろんマイクロ波の)の発見までもうひと息というところだ。

P.149「ビッグバンのいにしえの輝き」この表現はAllan Lightman, *Ancient Light*(『宇宙は語りつくされたか？——アインシュタインからホーキングへ』アラン・ライトマン著／はやしはじめ訳／白揚社／1992年)から盗んだ。「素人は借りる。プロは盗む」という、ジョン・レノンがT.W.エリオットから盗んで、その発想を再帰的に体現したとされる言葉に従ったわけだ(エリオット版は「未熟な詩人はまねる。成熟した詩人は盗む」)

P.150「『特別な方法』」 Richard Feynman, *The Meaning of It All*, 5; 15.

P.150「高校生は皆」https://quizlet.com/56822475 /scientific-method-flash-cards/で閲覧。

P.151「コーラにメントスを入れて噴火」一例として科学コンテストの忠告を参照されたい。http://www.sciencefairadventure.com/ProjectDetail.aspx?ProjectID=146. さらに調査すべき問題は、ダイエット炭酸飲料は同じ量の加糖炭酸飲料に比べてどれくらい高く噴き上がるか、その差の原因は何か、だ。

P.151「大学生を対象とする」 Frank L. H. Wolfs, http://teacher.nsrl.rochester.edu/phy_labs/AppendixE/AppendixE.htmlで閲覧。注目すべきは、このサイトや上記の科学コンテストサイトが例外的なものではない点だ。そこがポイントで、これらは科学の実践として特異ではなく典型的なケースである。

P.152「一八七八年七月を境に」 その後の日食で引き続きヴァルカンを探索した者はごくわずかながらいたが、(依然として)何も見つからず、残っていた関心も十年後にはすっかり涸れ果てた。

P.153「さまざまな反論の前に屈した」 1906年、黄道光説に似ているがまったく同じではない別の物質説が現れた。複数の研究者が追求したが、それ以前の理論と同じ反論に遭った。Roseveare, *Mercury's Perihelion*, 68-94参照。

P.153「受け入れたくないが受け入れざるを得ない結論」 物質説のこの要約はRoseveare, *Mercury's Perihelion*, 37-50より。

P.153「ある天文学者は、ニュートンの法則が」Roseveare, *Mercury's Perihelion*, 51.

P.154「微細構造定数」 National Institute of Standards and Technology "Reference on Constants, Units and Uncertainty," http://physics .nist.gov/cgi- bin/cuu/Value?alphで閲覧。

P.154「『善良な理論物理学者は皆』」 Richard Feynman, *QED: The Strange Theory of Light and Matter*, 129.

P.155「天体の移動速度が引力を変化させる可能性」 Roseveare, *Mercury's Perihelion*, 114-46.

8章「私の人生で最も幸せな考え」

P.158「技術審査官二級」 Albrecht Folsing, *Albert Einstein*, 231.

P.159「『私の人生で最も幸せな考え』」 アインシュタインが1922年に京都で行った講演の

メモより。パイス『神は老獪にして…』, 178-79に引用。

P.160 「にして反ユダヤ主義者」 レーナルトは「ユダヤ物理学」に対する反ユダヤ運動の最も影響力ある創始者だった。早々にナチ党に加わり、ナチス政権下で「ドイツ」物理学推進の中心人物となった。

P.160 「正式な訓練としては」 アインシュタインは1905年に執筆した論文の1つで博士号を取得した――といっても、経緯としては、論文をチューリッヒ大学に提出し、物理学部のメンバーがそれを査読して物理学分野の博士論文に期待される水準に達しているかどうかを確認するという単純なものだった。

P.161 「アインシュタインが自分の方程式で」 アルベルト・アインシュタイン、"On a Heuristic Point of View Concerning the Production and Transformation of Light," *Annalen der Physik*, 17 (1905): 132-48, *CPAE* 2, document 14, 86-103.

P.161 「四月には原子と分子の存在と」 アインシュタイン、"A New Determination of Molecular Dimensions," *Annalen der Physik*, 17 (1905): 549-60, CPAE, 2, document 15, 104-22に所収。この論文でアインシュタインは博士号を取得した。青い空についての論文は1910年に書かれた。A. Einstein, "The Theory of the Opalescence of Homogeneous Fluids and Liquid Mixtures near the Critical State," *Annalen der Physik*, 33 (1910): 1275-98, CPAE, 3, 231-49, document 9.

P.162 「現在は特殊相対性理論と呼ばれているもの」 アインシュタイン、"On the Electrodynamics of Moving Bodies," *Annalen der Physik*, 17 (1905): 891-921, *CPAE* 2, document 23, 140-71.

P.162 「問いを読者に投げ掛けている」 アインシュタイン、"On the Electrodynamics of Moving Bodies," 141.

P.163 「ニュートンが正しければ」 厳密には真空中の光の速さは秒速299,792,458メートルだ。

P.164 「実験の厳密さにも実験装置の運動の状態にも」 光速の不変性を実験的に検証した最良の例はアメリカ人のアルバート. A. マイケルソンとエドワード. W. モーレイによるもので、マイケルソンが考案した並外れて正確な計測技術を用いて行われた。これらの実験はマクスウェルの研究が提起した問題が実際に自然界に存在することを裏付け、マクスウェルとニュートンとの明らかな矛盾に対処しなければならないと多くの物理学者に証明した。だが当のアインシュタインはマイケルソンとモーレイの研究を知らなかったか、あるいはさして注意を払わなかったようだ。アインシュタインを勢いづけたのはひとえに理論における矛盾と、ほかの、それ以前の、正確さは劣る実験だった。アインシュタインが何を、いつ知ったかについての詳細な議論は、とくにパイスの『神は老獪にして…』6章に理論的、歴史的記述がある。Folsing, *Albert Einstein*の9章にもアインシュタインの思考プロセスをうまく要約したものがある。パイスの著著ほど詳しくはない反面、パイスのより数学的な記述より

も相当分かりやすい。Gerald Holton, *The Thematic Origins of Scientific Thought*, 8章も参照。

P.164「アインシュタインの洞察は」 アインシュタインはマクスウェルの方程式、すなわち電磁波(電波やX線など、異なる波長を持つすべての光)の法則とニュートン力学の矛盾にも気づいていた。光の速度が座標系によって違うのか違わないのかが、ニュートン力学とマクスウェル方程式とでは異なった結果を生み出す。実験により光の速度が座標系によらず一定であることが確かめられたため、ニュートン力学に修正を加える必要が出てきた。この、光が座標系によらず一定だと仮定した場合の理論の中核を成すのがローレンツ変換であり、最も重要な提唱者であるヘンドリック・ローレンツにちなんでこう呼ばれる。

P.167「空間と時間はいずれも相対的である」 時間と空間の相対性に関する一般的な説明で現在とくにすぐれたものについては、Kip Thorne, *Black Holes and Time Warps*, 71-79参照。あるいはアインシュタインが自著で自らの理論を一般大衆に伝えようとした、*Relativity: The Special and General Theory*, 21-29を一読されたい。この部分が長年多くの人に使われている稲妻と列車の話の起源だ。

P.170「担当編集者は相対性理論の」 アインシュタイン、"On the Relativity Principle and the Conclusions Drawn from It," *Jarbuch der Radioaktivitat und Elektronik*, 4 (1907) 411-62, *CPAE* 2, document 47, 252-311.

P.172「幸せな考えが」 Folsing, *Albert Einstein*, 231.

P.174「『いまだに説明のつかない』」 アインシュタインからコンラッド・ハビヒト宛ての手紙、1907年12月24日。*CPAE* 5, document 69, 47.

9章「頼む、助けてくれ。このままでは頭がおかしくなってしまう」

P.175「だがアルベルト・アインシュタインは」 カール・シーリグの報告、およびFolsing, *Albert Einstein*, 245に引用。

P.175「『諸君、私が諸君に提示したい空間と時間の概念は』」 ヘルマン・ミンコフスキー、1908年9月21日にケルンで開かれた自然科学者会議の物理学・数学部門で行われた講演。"Raum und Zeit" [空間と時間]というタイトルで *Jahresberichete der Deutschen Mathematicker-Verinigun* (1909), pp. 1-14に所収、以来、翻訳されて広く引用されてきた。ここではパイスの『神は老獪にして…』(Pais, *Subtle Is the Lord*, p. 152)より引いた。

P.176「時間と空間を記述する数学的手法を提供した。」 四次元で考えるための素晴らしい入門書としては、名著Kip Thorne, *Black Holes and Time Warps*、とくに2章"The Warping of Space and Time," 87-120を。一般相対性理論に至る経緯の見事な解説もある。

P.177「『無駄な蘊蓄』」 Folsing, *Albert Einstein*, p. 245.

P.178 「『これみよがしの贅沢』」 アインシュタインからベッソに、1911年5月13日、*CPAE* 5, document 267, 187.

P.178 「一方、マリッチにとっては」 Dmitri Marianoff, Roger Highfield and Paul Carter, *The Private Lives of Albert Einstein*, 117に引用。

P.179「アインシュタインのオフィスは」Frank, *Einstein: His Life and Times*, 143, Folsing, *Albert Einstein*, 283に引用。

P.179「重力が光に及ぼす影響」 以下に説明されている考えは次の論文より。A. Einstein, "On the Influence of Gravitation on the Propagation of Light," *CPAE* 3, document 23, 379-87.

P.183「時間の進み方がゆっくりしている」 Feynman, *Six Not-So-Easy Pieces*, 131-36. 同じ考えを言い換えたものとしてはThorne, *Black Holes and Time Warps*, 102-3も参照。後者のほうが理解しやすいが、2つの時計の時間の流れが異なる理由についてかなり細かく論じているので少々回りくどい。

P.183「時間は場所によって違ってくる」 1959年のパウンド-レブカ(Pound-Rebka)実験は、重力による時間の膨張をロケット船の思考実験そっくりの方法で検証した。ガンマ線(極めて高周波の光の波)の発生源を2つ、それぞれハーバード大学ジェファーソン研究所(物理実験室)の地下室と最上階に設置。予想どおり、2つの発生源からの光の信号の速度は、アインシュタインの理論で算出されたように、それぞれ違っていた。

P.185「ある友人に巨大な壁にぶつかったと語り」 アインシュタインがハインリヒ・ツァンガーに。おそらく1912年6月に更新。*CPAE* 5, document 406, 307; アインシュタインがM.ベッソに。*CPAE* 5, document 377, 276.

P.186 「『幾何学の基礎には』」 アインシュタインが1922年京都での講演で。パイス『神は老獪にして…』(原書212)
に引用。

P.187「再会したグロスマンにアインシュタインは」 同上。

P.188「誤りは一つも見つかっていない」 Robert Osserman, *The Poetry of the Universe*, 5.

P.191 「『万事驚くほど順調に進んでいる』」 アインシュタインからルードヴィッヒ・ホップに宛てた手紙、1912年8月16日付、*CPAE* 5, document 416, 321.

P.192「それは水星の問題」 Einstein and Michele Besso, "Manuscript on the Motion of the Perihelion of Mercury," 1913, *CPAE* 4, document 14, 360-4 73 (German original).

P.192「気はとがめつつも何やら嬉しくなってしまう。」 計算ミスについてはMichel Janssen, "The Einstein-B esso Manuscript: Looking over Einstein's Shoulder," 9, http://zope.mpiwg-b erlin.mpg.de/living_einstein/teaching/1905_ S03/pdf- files/EBms.pdfで閲覧。

大きいほうのミスについてはA. Einstein and M. Besso (1913), *CPAE* 4, document 14, 444 (原本はp41、ファ

クシミリ版はp670), 上記 Janssen の論文ではp14で論じられている。

P.193 「覗き見る貴重な窓」アインシュタインとベッソの共同作業のくだりは、アインシュタインの論文の編集者Janssenに負うところが大きい。共同作業から明らかになるアインシュタインの考え方に関する本書の記述は、Janssenの著作、とくに"The Einstein- Besso Manuscript: Looking over Einstein's Shoulder"にヒントを得た。

P.194 「発表せずじまいだった」 1914年、物理学者ヨハネス・ドロステも同じ答えを導き出して発表したが、一般相対性理論の有効性というより大きな問題には目立った影響はなかった。Janssen, "The Einstein- Besso Manuscript: Looking over Einstein's Shoulder," 12.

P.196「『単なる私事』」 アインシュタイン、"Autobiographical Note," Schilpp, *Albert Einstein: Philosopher-Scientist*, 5に所収。

10章「喜びに我を忘れて」

P.197 「『ベルリン市民は』」 Theodor Wolff, in Das Vorspiel, vol. 1, 1924, Dieter and Ruth Glatzer, *Berliner Leben*, 506に引用。

P.199-200 「『四列縦隊で行進することに』」Einstein, "The World as I See It," 初版は1930年。Einstein, *Ideas and Opinions*, 10に再掲。

P.200 「夕闇が迫る中」 この史上初の毒ガス攻撃の記述はMartin Gilbert, *The First World War*, 144-45より。

P.201「イギリス陸軍元帥ジョン・フレンチ卿は報告」 Gilbert, *The First World War*, 144.

P.202 「『私たちの高く評価された技術的進歩全体』」アインシュタインからツァンガーへの手紙、1917年12月6日付、*CPAE* 8, document 403, 411-12.

P.202 「『この大いなる世界』」アインシュタイン、"Autobiographical Notes," Schilpp, *Albert Einstein: Philosopher- Scientist*, 5に所収。

P.204 「対比することが可能になった」これらの講演についてはAlbrecht Folsing, *Albert Einstein*, 357-59の記述に負うところが大きい。

P.204「アインシュタインは彼らに面と向かって」 アインシュタイン、"The Formal Foundation of the General Theory of Relativity," Proceedings of the Prussian Academy of Sciences, II (1914): 1030-85. In *CPAE* 6, document 9, 30-85.

P.204 「手紙が何通か届いたが」 Folsing, Albert Einstein, 359. アインシュタインが受け取った手紙については、Hendrik A. Lorentz to Einstein, between Jan. 1 and 23, 1915, および Tullia Levi-C ivita to Einstien, March 28, 1915を参照、*CPAE* 8, documents 43 and 67, 49-56; 79-80に所収。

P.205 「『誰も信じないだろう』」 アインシュタイン、Miller, Einstein, Picasso: *Space, Time and the Beauty That Causes Havoc*, 228に引用。

P.205「特殊相対性理論のある重要な主張に反していた」 より理論的には、アインシュタインの1913年から14年の理論は相対運動における2つの座標系間の変化の下での物理法則の不変性に矛盾していた。

P.205「美しくも物悲しいクリスマス休戦」 1914年のクリスマスの非公式な休戦合意については多くの記述がある。非常によく書かれた記述の1つは、Modris Eksteins, *Rites of Spring,* 95-98を参照。

P.206「不首尾に終わった小旅行」 Folsing, *Albert Einstein*, 360- 63.

P.207「受け入れる用意ができたと」 アインシュタインからWanderおよびGeertruida de Haasに、1915年8月2日、*CPAE* 8, document 144, 116-17.

P.207「ヒルベルトはアインシュタインをすっかり信じて」 ヒルベルトは最終的に、アインシュタインが一般相対性理論の最終版を完成する数日前に、自身の一般相対性理論を生み出した。1915年12月には2人の関係は一時冷ややかなものになった。アインシュタインが自分の発見の一部をヒルベルトが横取りしようとしているのではないかと思い込んだためだが、ヒルベルトはすぐにどちらが先かを争うつもりはないと明言し、友好な関係に戻った。2人は各々ほとんど同時に同じ正解にたどり着いたというのが、大方の見方になっている。しかし保管されていたヒルベルトの証明の文書一式が見つかり、3人の物理史研究者が詳しく分析した結果、ヒルベルトが11月に考案した理論は実は不完全で、後日発表したものはアインシュタインの最終的な結論に照らして修正していたことが判明した。Leo Corry, Jurgen Renn, and John Stachel, "Belated Decisions in the Hilbert-Einstein Priority Dispute," *Science* 278, November 14, 1997参照。

P.207「『あからさまな矛盾』」アインシュタインがエルヴィン・フロインドリッヒに、*CPAE* 8, document 123, 132-33。

P.208「すべての時間を思索と計算に」 アインシュタインからArnold Sommerfeld宛ての手紙、1915年11月28日付、*CPAE* 8, document 153, 152-153.

P.209「四つの更新の第一弾を」 Einstein, "On the General Theory of Relativity," *CPAE* 6, document 21, 98-107.

P.209「翌週の木曜日」 Einstein, "On the General Theory of Relativity (Addendum)" *CPAE* 6, document 22, 108-10.

P.211「『水星に関する計算の結果』」アインシュタイン、"Explanation of the Perihelion Motion of Mercury from the General Theory of Relativity," *CPAE* 6, document 24, 112-16.

P.213「本物のときめき」 アインシュタインがAdriaan Fokkerに、パイス『神は老獪にして…』(原書253)に引用。

P.213「『喜びに我を忘れた』」 アインシュタインからPaul Ehrenfest宛ての手紙、1916年1月17日

付、*CPAE* 8, document 182, 179.

P.213 「『闇の中を手探りした歳月』」 アインシュタイン、*The Origins of the General Theory of Relativity* (Glasgow: Jackson, Wylie, 1933), パイス『神は老獪にして…』(原書257)に引用。

それから「見たいという強い憧れ……事前の調和」

P.214 「最後の重力理論を」 アインシュタイン、"The Field Equations of Gravitation," *CPAE* 6, document 25, 117-20.

P.214 「問題の方程式をよく吟味して」 アインシュタインからArnold Sommerfeldに宛てた手紙、1915年12月9日、*CPAE* 8, document 161, 159.

P.214 「『少しくたびれた』」 アインシュタインからM.ベッソに宛てた手紙、1915年12月10日付、*CPAE* 8, document 162, 159-60.

P.215 「物質とエネルギーが一緒になって」 物理学者John Wheelerがこの一般相対性理論の枠組みを最初に大衆に広めた。

P.217 「『憎み方を忘れてしまった』」 アインシュタインからベッソへの手紙、1917年5月13日付、*CPAE* 8, document 339, 329-30.

P.218 「次の観測可能な日食に向けて計画を」Matthew Stanley, "An Expedition to Heal the Wounds of War: The 1919 Eclipse and Eddington as Quaker Adventurer," *Isis* 94, 1 (2003): 72.

P.218 「『きっとうまくいくと信じて』」 Stanley, "An Expedition to Heal the Wounds of War," 76. 著者も1991年の日食の際、PBSのNOVAシリーズの撮影中に同様の経験をした。ハワイのマウナ・ケア山山頂で皆既日食の15分間に雲が太陽(と著者のカメラ)を覆い、著者は思わず、雲が晴れるよう思いつく限りの神聖なものと取引をし——結局、願いはかなった。

P.219 「『雲間あり。有望。』」同上。

P.219 「『分かっていた』」 ガブリエル・オッペンハイム=エレラとの個人的なやりとり、1995年。彼女は1911年に第1回ソルベー会議でアインシュタインと出会った。当時彼女は十代で、婚約していた。父親は大学の学長、婚約者は物理学者だった。会議に出席した著名な科学者たちのために父親が主催したレセプションで、未来の夫が、かなりむさ苦しくて世間一般のイメージよりも若く見えるアインシュタインを指さし、彼には多めにサンドイッチを持っていくように、見かけによらず当代随一の科学者だから、と彼女に言ったという。

P.221 「エディントンは……当然だと感じた」 Stanley, "An Expedition to Heal the Wounds of War," 78.

P.224 「『この種の仕事ができる精神状態は』」1918年のドイツ物理学会でのアインシュタインの講演、パイス『神は老獪にして…』(原書26-27)に引用。